Web
前端开发
系列丛书

CSS入门与实践

胡俊卿　编著

清华大学出版社
北 京

内 容 简 介

虽然近几年前端相关的技术不断推新,但 CSS 作为网页开发的三大基础技术之一,其地位不会被轻易取代。本书内容包含浏览器和开发工具介绍、CSS 基础知识和应用方法,并通过贯穿全书的应用案例引导读者了解和学习 CSS 的相关知识,最终利用这些知识分析和解决问题。本书旨在帮助前端初学者快速入门和上手 CSS 开发,并掌握 CSS 的基础知识和应用方法,最终能够分析和使用 CSS 实现网页布局和样式控制。由于读者定位和篇幅限制的原因,本书的重点是 CSS 基础知识的讲解和实际应用,同时会涉及一些流行的技术和应用方式,以及部分 HTML 和 JavaScript 的相关知识。

图书在版编目(CIP)数据

CSS 入门与实践/胡俊卿编著. —北京:清华大学出版社,2018
(Web 前端开发系列丛书)
ISBN 978-7-302-51004-8

Ⅰ.①C… Ⅱ.①胡… Ⅲ.①网页制作工具 Ⅳ.①TP393.092.2

中国版本图书馆 CIP 数据核字(2018)第 191831 号

责任编辑:郭　赛
封面设计:傅瑞学
责任校对:徐俊伟
责任印制:宋　林

出版发行:清华大学出版社
　　　　网　　　址:http://www.tup.com.cn,http://www.wqbook.com
　　　　地　　　址:北京清华大学学研大厦 A 座　　　　**邮　　编:**100084
　　　　社 总 机:010-62770175　　　　**邮　　购:**010-62786544
　　　　投稿与读者服务:010-62776969,c-service@tup.tsinghua.edu.cn
　　　　质量反馈:010-62772015,zhiliang@tup.tsinghua.edu.cn
　　　　课件下载:http://www.tup.com.cn,010-62795954
印 装 者:清华大学印刷厂
经　　销:全国新华书店
开　　本:185mm×260mm　　　　**印　张:**10.5　　　　**字　　数:**251 千字
版　　次:2018 年 12 月第 1 版　　　　**印　　次:**2018 年 12 月第 1 次印刷
定　　价:39.00 元

产品编号:077652-01

前　言

图形用户界面(Graphical User Interface,GUI)是指使用图形化的方式呈现计算机等设备的操作界面。GUI 通过屏幕等设备上不同颜色的点(像素)为用户提供文本、图像等内容的呈现及鼠标单击、键盘输入和触摸屏点击等操作的反馈。

1973 年,施乐公司首次在 Alto 计算机中搭载 GUI。随后,苹果公司和微软公司相继推出搭载 GUI 的个人计算机和操作系统。目前,GUI 已经成为用户与个人计算机、智能手机等电子设备最主要的沟通和交互方式。

对大部分用户来说,浏览器是最常用的 GUI 程序之一,也是用户进行搜索、阅读、分享和娱乐的平台。浏览器为用户提供了文本、图像和音/视频等丰富的内容,而网页就是这些内容的载体。随着浏览器及前端技术的发展,以及个人计算机和移动设备性能的大幅提升,浏览器已经不再单纯用来呈现博客、新闻等内容,它已经成为最广泛、最受欢迎的应用平台,越来越多的办公、社交、娱乐甚至游戏应用出现在浏览器中。

无论 Web 应用有多强大、多复杂,它们都需要使用 CSS 控制网页的布局及内容的呈现。读者将通过本书学习 CSS 的基础知识,并掌握通过 CSS 控制网页布局及内容呈现的方法。

本书内容包含浏览器和开发工具的介绍,以及 CSS 的基础知识和应用方法。通过应用案例引导读者了解和学习 CSS 的相关知识,并利用这些知识分析和解决问题。读者在阅读本书后,基本能够掌握通过 CSS 控制网页布局及内容呈现的方法,了解常用的 CSS技巧,并具备分析和解决 CSS 相关问题的能力。

本书是面向前端初学者的自学教材,以及面向初级前端工程师的 CSS 参考资料。读者在学习本书时,只需要掌握基本的计算机操作和文件管理知识,并对 HTML 有基本的了解。在准备好一台计算机,甚至平板电脑和手机之后,就可以开始学习和练习了。

由于定位及篇幅限制,本书将内容重点放在 CSS 基础知识的讲解和实际应用上,但仍然会涉及一些流行的技术和应用方法,以及部分 HTML 和 JavaScript 的相关知识。读者在学习和实践的过程中,也可以通过互联网或相关书籍学习前端开发及 Web 应用开发的相关知识和技术。

胡俊卿

2018 年 5 月

目　　录

第1章　了解CSS

层叠样式表(Cascading Style Sheets,CSS)是一种描述性语言,主要用来描述网页(主要是 HTML)的内容样式和页面布局。

早期的网页内容比较少,布局和视觉效果相对简单,HTML 中曾经包含一些可以用来定义内容样式的标签。但随着用户的要求越来越复杂,这些标签已经无法实现更加丰富的视觉效果。万维网联盟(World Wide Web Consortium,W3C)于 1996 年发布了 CSS 标准的第一个版本,让用户能够更方便地描述网页的内容样式和页面布局。

本章介绍 CSS 的作用和工作机制,以及主流浏览器和兼容性问题。

1.1　CSS 的作用

HTML 通过嵌套的标签、标签属性和标签内的文本描述网页的结构以及文本、超链接、图像等内容,CSS 则用来描述这些内容的呈现样式以及呈现的位置和尺寸等信息。

(1)描述内容样式。包括文本内容的字体、字号和颜色,元素的尺寸等信息。

(2)描述页面布局。将内容以列表、网格或表格的形式呈现出来,或者对元素进行排列、调整元素的位置等。

(3)丰富视觉效果。为元素添加边框、阴影和动画等效果。

1.2　工作机制

下面通过一幅图了解 CSS 是如何影响网页布局及内容呈现的,如图 1-1 所示。

图 1-1　CSS 的工作机制

(1)当用户在浏览器地址栏中输入 URL[①]并按 Enter 键或单击超链接后,浏览器会加载 URL 指定的 HTML 文件。

---

① URL:统一资源定位符(Uniform Resource Locator),通常称为网址。

（2）在 HTML 文件加载完成后，浏览器会解析该文件并生成 DOM①树，然后继续加载该文件关联的 CSS、JS②和图像等文件。

（3）浏览器在加载完 CSS 文件后，会解析其中的样式规则，并将其绑定到关联的 DOM 节点上。

（4）浏览器根据 DOM 树计算页面布局并将内容展示出来。

1.3　网页浏览器

网页浏览器（Web Browser）简称浏览器，是一种用来显示网页的应用程序。浏览器负责从网络上获取和展示文本、图像、超链接和音/视频等内容，处理用户操作（鼠标单击、键盘敲击和触摸屏操作等）并给予相应的反馈。

现代浏览器主要包括排版引擎和 JS 引擎。排版引擎负责解析网页结构和样式，并将网页的布局和内容渲染成图像输出到屏幕等显示设备中；JS 引擎则负责解析和执行 JS 代码。

目前主流的浏览器（正式发布的稳定版本）及其排版引擎和 JS 引擎的数据（截至 2018 年 3 月）见表 1-1。

表 1-1　主流浏览器及其排版引擎和 JS 引擎

	Google Chrome	Mozilla Firefox	Internet Exploer	Microsoft Edge	Safari
版本	65	59	11	41	11
渲染引擎	Blink	Gecko	Trident	EdgeHTML	WebKit
JS 引擎	V8	SpiderMonkey	Chakra	Chakra	JavaScriptCore

（1）Blink 是 WebKit 的衍生分支。由于技术架构、发展方向和更新节奏与 WebKit 不同，Chrome 团队基于 WebKit 开发了自己的独立分支——Blink③，并应用在 Chrome 28 浏览器及其以后的版本中。

（2）EdgeHTML 是 Trident 的衍生分支，主要应用在 Edge 浏览器中。

（3）市面上还有许多其他品牌的浏览器，它们大部分都基于 Blink 或 Trident 内核，因此不再单独列出。

1.4　兼容性问题

虽然现代浏览器的大部分功能都是基于 Web 标准实现的，但由于浏览器品牌的多样性以及用户设备上安装的浏览器的版本有所不同，导致不同用户的浏览器在功能上有一

---

① DOM：文档对象模型（Document Object Model）。浏览器将 HTML 文件解析成由节点（Node）组成的树结构（DOM 树），根据该结构渲染网页，并提供可通过 JavaScript 访问和控制 DOM 树的接口。

② JS：JavaScript 的简称，一种广泛应用在浏览器中的编程语言。

③ Blink：访问网址为 https://blog.chromium.org/2013/04/blink-rendering-engine-for-chromium.html。

些差异,这就是网页所面临的兼容性问题。

兼容性问题一直是让前端工程师最头疼的问题之一。本书总结了一些应对方法,供读者参考。

(1) 使用现代浏览器,并及时更新至最新版本,这样既能够享受最新的功能,也能够保证良好的网页浏览体验及安全性。

(2) 只针对现代浏览器最新的两个版本编写网页和 Web 应用(如 Chrome 64/65 或 IE 10/11 浏览器等),督促用户及时更新浏览器。

虽然上述方法有些理想化,但仍然建议读者照做。在实际操作中,读者可以参考以下方案处理兼容性问题:

(1) 针对现代浏览器最新的两个版本编写网页和 Web 应用。

(2) 保证大部分功能可以运行在现代浏览器最近一年内发布的不同版本中。

(3) 对于部分浏览器无法支持的功能,采用兼容的方式处理(如将无法播放的动画替换为静态图像),保证网页的其他内容和布局能够正常呈现,主要功能仍然可用。

(4) 提醒使用老旧版本浏览器的用户使用现代浏览器,并更新至最新的版本。

本书的内容将面向现代浏览器最新的两个版本为读者提供标准化且被浏览器广泛支持的 CSS 知识。对于尚未标准化但被浏览器广泛支持,或可能存在兼容性问题的知识,本书将会特别标记出来,以供读者参考。

第 2 章　开 发 工 具

在开始编写 CSS 代码之前,读者将从本章了解 CSS 的运行环境——浏览器,和浏览器中的开发者工具,以及用来编写代码的文本编辑器和其他辅助开发的工具与文档资料等内容。

2.1　浏览器和开发者工具

第 1 章介绍了几种主流的浏览器以及不同浏览器之间的兼容性问题。在编写 CSS 代码时,读者需要随时通过浏览器查看网页的效果,并通过浏览器中的开发者工具发现代码中的问题。

2.1.1　Google Chrome 浏览器

Google Chrome(以下简称 Chrome)是一款优秀的浏览器,它的更新较为频繁,经常会推出新功能,并不断提升自身的安全性和性能。本书将其作为首选的开发工具,书中实例的截图也都来自 Chrome 浏览器。

Chrome 浏览器的界面如图 2-1 所示。

图 2-1　Chrome 浏览器

Chrome 浏览器的界面包括以下几部分。

（1）标题栏。左侧为已打开的标签，标签右侧是"打开新标签"按钮。

（2）工具栏。左侧分别为"返回""前进"和"刷新"按钮，中间为地址栏和搜索框，右侧为"菜单"按钮和已安装的扩展程序。

（3）工具栏下方是浏览器的内容展示区域，用于呈现网页。

和其他桌面软件一样，Chrome 浏览器也支持快捷键操作。使用快捷键可以有效提高浏览器的操作效率。Chrome 浏览器中常用的快捷键及功能见表 2-1。

表 2-1　Chrome 浏览器中常用的快捷键

功　　能	快　捷　键	
	Windows/Linux	MacOS
打开标签	Ctrl＋T	Cmd＋T
重新打开刚刚关闭的标签	Ctrl＋Shift＋T	Cmd＋Shift＋T
关闭当前标签	Ctrl＋W	Cmd＋W
关闭所有标签	Ctrl＋Shift＋W	Cmd＋Shift＋W
将光标定位到地址栏	Ctrl＋L	Cmd＋L
将当前页面添加为书签	Ctrl＋D	Cmd＋D
在当前标签打开搜索功能	Ctrl＋F	Cmd＋F
后退	Alt＋←	Cmd＋←
前进	Alt＋→	Cmd＋→
刷新	Ctrl＋R	Cmd＋R
打开或关闭开发者工具	Ctrl＋Shift＋J	Cmd＋Option＋I

更多快捷键可以参考 Chrome 浏览器提供的帮助文档[①]。

2.1.2　开发者工具

开发者工具是 Chrome 浏览器内置的开发和调试工具，可以用来对网页进行调试和分析。开发者工具的主要界面和功能如图 2-2 所示。

（1）第一行为工具栏，从左到右分别为元素选择、设备模拟、功能切换标签、错误数量、菜单和关闭。

（2）功能切换标签用于切换开发者工具的主要功能，其中，Elements（元素标签）是编写 CSS 时最常用的功能。

（3）工具栏下方是功能区域，用于呈现当前选中标签对应的功能。

元素标签分为以下四个功能区。

（1）HTML 结构：用于呈现网页的 HTML 结构。

（2）CSS 规则：用于呈现与当前选中元素匹配的样式，可以在这里添加或修改 CSS

---

① 帮助文档：访问网址为 https://support.google.com/chrome/answer/157179。

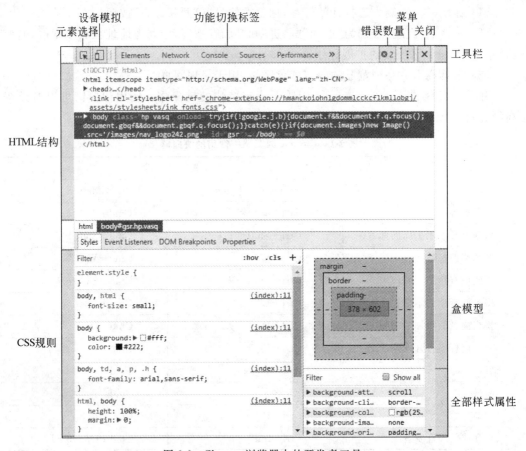

图 2-2　Chrome 浏览器中的开发者工具

属性。

（3）盒模型：用于呈现当前选中元素的盒模型及相关数值。

（4）全部样式属性：用于展示当前选中元素关联的所有 CSS 属性。

读者可以通过阅读谷歌开发者网站提供的文档①了解更多关于开发者工具的知识。

提醒：Chrome 浏览器的下载地址为 https://www.google.com/chrome/。

如果由于网络原因无法下载 Chrome 浏览器时，则可以下载 Vivaldi 浏览器②作为替代。Vivaldi 浏览器的主要功能及开发者工具都和 Chrome 浏览器类似，同样适用于本书内容的学习。

注意：请读者务必从官方网站下载软件，并确保下载的文件未经第三方修改，以保证系统和数据的安全。

---

① 文档：访问网址为 https://developers.google.com/web/tools/chrome-devtools/。

② Vivaldi 浏览器：访问网址为 https://vivaldi.com/。

2.2 代码编辑工具

除了浏览器及开发者工具以外,读者还需要一款编写 HTML、CSS 和 JS 代码的文本编辑器。一款合适的代码编辑工具的主要功能应该包括纯文本编辑、多种编程语言支持、代码高亮、智能提示等。

选择代码编辑工具时需要注意以下两点。

(1) Microsoft Word 等富文本编辑工具并不合适,它所保存的文件为私有的二进制数据,并非纯文本的文件。

(2) 记事本虽然是纯文本编辑工具,但其功能过于简单,也不建议用它编写程序源代码。

2.2.1 Visual Studio Code

Visual Studio Code(以下简称 Code)是由微软公司推出的一款新一代开源代码编辑工具。Code 是基于 Web 技术(Electron①)实现的,它提供了多种语言支持、代码高亮、智能提示、编译和调试等开发者常用的功能,并提供了丰富的配置选项及众多第三方插件和主题。

Code 是一款深受开发者喜爱和支持的代码编辑工具,所以本书将其作为首选的代码编辑工具。Code 的工作界面如图 2-3 所示。

图 2-3　Visual Studio Code 的工作界面

---

① Electron:访问网址为 https://electronjs.org/。

读者可以通过阅读 Code 网站提供的文档[①]了解它的更多功能、配置和扩展方法。

当然,读者也可以根据自己的喜好选择 Sublime Text、Atom 等其他流行的代码编辑工具或 IDE(Integrated Development Environment,集成开发环境)。但不建议使用 Adobe Dreamweaver,因为它相对封闭,缺少第三方库的支持,功能迭代速度较慢,也很少有前端工程师在工作中使用它。

2.2.2 在线编辑和预览工具

如果读者不方便在计算机上搭建开发环境和保存代码,则可以选择功能丰富的在线编辑和预览工具,可以借助这些工具快速开始网页的编写和预览,也可以长期保存自己的代码。

下面列举几种比较流行的在线编辑和预览工具。

(1) CodePen:访问网址为 https://codepen.io/。

(2) JS Bin:访问网址为 https://jsbin.com/。

(3) JSFiddle:访问网址为 https://jsfiddle.net/。

(4) Plunker:访问网址为 https://plnkr.co/。

(5) RunJS:访问网址为 http://runjs.cn/。

上述在线工具能够提供的功能如下。

(1) 在线代码编辑:通常支持 HTML、CSS 和 JS 等前端相关的代码。

(2) 网页预览:将正在编写的代码以网页的形式呈现出来。

(3) 引入第三方库:可以方便地在代码中引入第三方库和代码(如 jQuery 等)。

(4) 代码保存:部分工具支持无须登录的匿名编辑和保存,但所有工具都支持注册账户并保存自己的代码。

如果读者选择使用本节推荐的在线编辑工具,则可以跳过 2.3 节和 2.4 节,直接阅读 2.5 节。

2.3 静态文件服务器

在编写网页代码时,需要随时通过浏览器预览页面效果、调整样式和调试 JS 代码。

在浏览器中打开网页有以下两种方式。

(1) 在地址栏中输入网页 URL 访问存储在 Web 服务器上的网页,这是最常用的访问方式。

(2) 在浏览器中打开本地硬盘中存储的 HTML 文档。由于浏览器的安全策略,部分功能可能无法正常使用。

本书建议读者始终通过 Web 服务器预览和调试正在编写的网页。

不过在网页对外发布之前,读者并不需要考虑如何注册域名、购买服务器及安装配置

---

① 文档:访问网址为 https://code.visualstudio.com/docs。

Web 服务,一切预览和调试都可以在自己的设备上完成。

本书推荐的静态文件服务器是基于 Node. js 的 http-server[①],其安装步骤如下:

(1) 下载并安装 Node. js[②] 运行环境。

(2) 打开系统的终端,输入 npm install -g http-server,然后按 Enter 键并等待安装完成。

http-server 命令的基本用法如下。

(1) 在命令行中切换到指定目录,运行 http-server 命令,将以当前目录作为根目录启动静态文件服务器,通过浏览器访问 http://localhost:8080 即可。

(2) 运行 http-server -p 8000 可以指定服务器端口。

(3) 运行 http-server -h 可以查看所有可用参数及用法。

2.4 代码存储和版本控制——Git

多数操作系统的文件都使用目录的方式进行存储和管理。但当文件和目录数量较多,或需要多人协作时,基于目录的文件管理方式就有些力不从心了。这类复杂的文件存储、管理和共享通常需要依赖功能强大的文件管理工具。

Git 是目前最流行的分布式版本管理工具,主要用来管理软件源代码,也可以用来管理其他类型的文件。读者可以访问网址 https://git-scm. com/book/zh/v2 了解和学习 Git 的基本概念和使用方法,并使用 Git 管理自己编写的代码。

Git 是一款命令行工具,命令行的操作比较复杂,读者可以使用支持 Git 的桌面软件(如 Github Desktop[③] 或 SourceTree[④])简化这些操作。

虽然本书的代码和操作并不会涉及 Git,但仍然建议读者学习并使用 Git 管理自己的代码。

2.5 参考文档和资料

CSS 的相关参考文档如下。

(1) MDN-CSS:访问网址为 https://developer. mozilla. org/en-US/docs/Web/CSS/Reference。

(2) Can I use:访问网址为 https://caniuse. com/。

(3) CSS 参考手册:访问网址为 http://css. doyoe. com/。

不同浏览器的功能特性和更新资料如下。

(1) Chrome Platform Status:访问网址为 https://www. chromestatus. com/features。

---

① http-server:访问网址为 https://github. com/indexzero/http-server。

② Node. js:访问网址为 https://nodejs. org/。

③ Github Desktop:访问网址为 https://desktop. github. com/。

④ SourceTree:访问网址为 https://www. sourcetreeapp. com/。

（2）Google Web Updates：访问网址为 https://developers. google. com/web/updates/。

（3）Firefox Platform Status：访问网址为 https://platform-status. mozilla. org/。

（4）Edge Platform status：访问网址为 https://developer. microsoft. com/en-us/microsoft-edge/platform/status/。

（5）What's New in Safari：访问网址为 https://developer. apple. com/library/content/releasenotes/General/WhatsNewInSafari/Introduction/Introduction. html。

第3章 开始编写 CSS

在了解了开发工具后,读者将在本章了解 CSS 的基本语法和使用规则。

前端代码的通用规则如下。

(1) HTML、JS 和 CSS 代码源文件都必须使用 UTF-8 编码。

(2) HTML、JS 和 CSS 代码源文件通常使用两个半角空格代表一级缩进。不要使用制表符或四个半角空格,更不要多种缩进方式混用。

(3) HTML 代码中的属性值以及 CSS 代码中的属性选择器、字符串属性值等文本内容使用英文双引号("");JS 中的字符串使用英文单引号(')。

3.1 CSS 规则

CSS 规则(rule)是层叠样式表的基本组成单位,它包含一条或多条属性声明,通过选择器匹配并应用到相应的 HTML 元素上。

下面的代码是一条简单的 CSS 规则。

```
#title {
  color: red;
}
```

(1) #title 是这条样式规则中的选择器,它指定了这条规则将会匹配 HTML 中 id 属性值为 title 的一个元素。

(2) color: red;是一条属性声明(declaration),它将元素的颜色设置为红色。

(3) {}与内部的属性声明一起被称为声明块(declaration block),{ 和 } 始终成对出现。

@规则(at-rules)是一类特殊的 CSS 规则,详情请参考 3.4 节。

3.2 选择器

选择器(selectors)通过一系列的规则指定应用当前样式规则的 HTML 元素。

选择器按照其匹配方式,可以分为基本选择器、属性选择器、伪元素选择器、伪类选择器、关系选择器、选择器组合。

选择器的语法规则如下所示。

```
/* 基本选择器 */
#title {}
```

```
/* 属性选择器 */
button[type="submit"]{}

/* 伪类选择器 */
a:hover {}

/* 关系选择器 */
ul > li {}

/* 选择器组合 */
#title,
#subtitle {}

/* 大括号和其之前的空格不属于选择器 */
```

本书推荐的书写规则如下所示。

```
/* 单条选择器 */
selector {
  declaration1;
  ...
  declarationN;
}

/* 多条选择器 */
selector1,
selector2,
...,
selectorN {
  declaration1;
  ...
  declarationN;
}
```

（1）基本选择器、伪类选择器、关系选择器等可以被看作单条选择器，需要写在同一行中，其后跟随一个空格，然后是大括号的左半边（{）。

（2）选择器组合中的每条选择器独占一行，其后跟随英文逗号（,）；最后一条选择器之后没有逗号，而是跟随空格和大括号的左半边。

（3）大括号的左半边后面需要进行换行，然后每行使用两个半角空格作为缩进，其后是一条属性声明。

（4）大括号的右半边（}）独占一行，作为一条样式规则的结尾。

第 5 章将更加详细地介绍各种选择器及其使用方法。

3.3　属性声明

属性声明包含属性名称(property)和属性值(value),其语法如下所示。

```
property: value;
```

3.3.1　属性名称

属性名称通常由小写字母和 - 组成,如 color、width、background-color 等。

在编写 CSS 代码时,每条属性声明独占一行。属性名称前使用两个半角空格作为缩进,其后跟随冒号(:)和一个空格,然后是属性值和分号(;)。示例代码如下。

```
#title {
  font-size: 18px;
  line-height: 24px;
  color: #666;
}
```

3.3.2　属性前缀

许多与前端相关的技术规范并不是由 Web 标准组织直接编写制定的。浏览器厂商会先提出并实现新的功能和特性,然后再由标准组织将其确定为规范。

在新功能的试验和测试阶段,各款浏览器会使用特别的符号将新功能标记出来,这些符号就是浏览器前缀(Vendor Prefix)。不同浏览器的属性前缀见表 3-1。

表 3-1　不同浏览器的属性前缀

渲 染 引 擎	前　　缀
WebKit、Blink	-webkit-
Gecko	-moz-
Trident	-ms-

使用浏览器前缀应注意以下几点:

(1)前缀直接添加在属性名称前,如 -webkit-border-radius。

(2)使用前缀不会影响属性值的写法。

(3)根据需要兼容的浏览器品牌和版本有针对性地使用前缀(可以在 Can I use 网站上查询相关信息)。

(4)对于同一个属性,首先书写包含前缀的声明,最后书写没有前缀的声明,以保证良好的兼容性。

示例代码如下。

```css
/* 推荐的写法 */
.card {
  -webkit-border-radius: 4px;
  -moz-border-radius: 4px;
  -ms-border-radius: 4px;
  border-radius: 4px;
}

/* 使用缩进对齐属性声明,可以有效提高可读性 */
.card {
  -webkit-border-radius: 4px;
    -moz-border-radius: 4px;
     -ms-border-radius: 4px;
          border-radius: 4px;
}
```

3.3.3　属性值

属性值代表属性声明中属性的取值,下面的代码展示了不同类型的属性值。

```css
#target {
  /* 数字 */
  z-index: 5;
  opacity: 0.6;

  /* 百分数 */
  width: 80% ;

  /* 带单位的数值 */
  height: 360px;

  /* 颜色 */
  background-color: white;
  color: #666;

  /* 关键词 */
  text-align: center;
  float: left;
```

```
    /* 字符串 */
    font-family: "Monaco";

    /* 函数 */
    background-image: url("./images/background.png");
    width: calc(100% - 20px);
}
```

属性值按照数量可以划分为如下三种。

```
#target {
    /* 单个值 */
    margin-top: 8px;

    /* 多个值(多个属性声明的简写形式) */
    margin: 8px 12px;

    /* 多组值 */
    box-shadow: 2px 2px 5px #CCC inset,
                5px 5px 10px #AAF;
}
```

第 6 章将更加详细地讲解属性值和值的单位等内容。

3.4 @规则

除了 3.1 节中提到的 CSS 规则以外,还有另外一种重要的 CSS 声明——@规则(at-rule)。

@规则以 @ 符号和一个关键词作为开始,并根据关键词区分其功能。

3.4.1 @charset

@charset 用于定义当前样式文件所使用的字符集,该规则需要写在样式文件的开始位置,所下所示。

```
@charset "UTF-8";
```

该规则是可选的,如果需要添加该规则,则只推荐使用"UTF-8"。

3.4.2 @import

@import 用于将其他样式表的规则导入当前样式表。

```
@import "./theme.css";
```

也可以在文件路径后添加媒体查询规则(具体请参考 3.4.3 节):

```
@import "./theme.css" [media-query-rules];
```

3.4.3 @media

@media 规则中可以嵌套其他的样式声明,但嵌套的样式只会在特定的条件下生效。

```
@media [rules]{
  /* 特定条件下生效的样式 */
  #target {
    color: #AAF;
  }
}
```

@media 规则支持的筛选条件如下。

1. 设备类型

(1) all:全部设备(默认值)。
(2) screen:屏幕。
(3) print:打印预览和打印机。
(4) speech:屏幕阅读器。
示例代码如下。

```
/* 应用到全部设备 */
@media all {}

/* 应用到屏幕和打印 */
@media screen, print {}
```

2. 设备属性

(1) 设备的尺寸、宽高比。
(2) 内容显示区域的尺寸、宽高比。
(3) 显示方向。
(4) 分辨率。
(5) 颜色等。
示例代码如下。

```
/* 仅当显示宽度在 640px 及以内时生效 */
@media (max-width: 640px) {}
```

不同的筛选条件还可以配合逻辑操作符一起使用。

```
/* 仅当显示宽度在 320px~640px 范围内时生效 */
@media (min-width: 320px) and (max-width: 640px) {}
```

3.5 注释

和其他编程语言一样,CSS 代码中也可以插入注释。

(1) 注释以 /* 作为开始,并以其后最近的 */ 作为结束。

(2) 注释中包含的任何内容都会被浏览器忽略,其中的样式规则也不会生效。

(3) 注释可以写在一行中,也可以写在一行的末尾,还可以分为多行书写。

示例代码如下。

```
/* 这是一行注释内容 */
#target {
  color: blue;  /* 文字显示为蓝色 */
}

/* *
* 建议使用这种语法
* 编写多行文本注释
*/

/* 下面的样式规则不会生效
#target {
  color: red;
}
*/
```

建议在注释内容和开始结束符号之间保留一个空格。

3.6 错误处理

在编写大量 CSS 代码时,难免会出现代码错误,不过浏览器对 CSS 代码中的错误有非常宽容的处理方式。

3.6.1 无效的值

大部分浏览器会妥善地处理 CSS 中的错误,确保页面能够完整地呈现出来。

浏览器会忽略以下类型的错误。

（1）未知的属性声明（如 high：100px；）。

（2）无效的属性值（如 height：100；）。

（3）未知的 @规则（如 @gmail {}）。

对于书写不完整的内容，浏览器会尝试将其补充完整。

```
#target {
color: red /* 浏览器会尝试在属性声明后补充 ";" */
}


#target {
  height: 100px
  color: red;
  /* *
   * height 规则以第 2 行的 ";" 作为结束
   * 但其内容无法解析
   * 所以浏览器会忽略这两条属性声明
   */
}


#target {
  height: 100px;
/* 浏览器会尝试在这条 CSS 规则后补充 "}" */
```

虽然代码中的缩进和空格并不影响浏览器对样式规则的解析，但合理的书写规范可以让代码更加清晰和易读。

```
#target{height:100px;color:red;}
/* *
 * 上下两条 CSS 规则的效果是等同的
 * 但下面的格式更清晰易读
 */
#target {
  height: 100px;
  color: red;
}
```

3.6.2　使用浏览器解决样式问题

通过浏览器查看网页效果是发现样式问题最直接的手段。但许多样式问题无法通过眼睛的观察确认，需要使用开发者工具定位和解决。

下面列举开发者工具中用于解决样式问题的三个功能。

1. 检查元素

在任意元素上右击，选择菜单中的"检查"选项，浏览器会启动开发者工具，并在元素列表中定位到该元素，如图 3-1 所示。

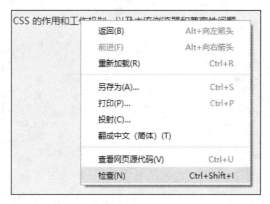

图 3-1　检查元素

2. 元素列表

元素列表（Elements）为嵌套的树状结构，可以通过双击每个元素的不同位置进行修改，也可以单击元素前面的箭头展开或折叠所有子元素。

元素列表的最底部展示了当前选中的元素在 DOM 树中的嵌套关系，如图 3-2 所示。

```
<!DOCTYPE html>
<html>
▶ <head>…</head>
▼ <body>
   ▶ <header>…</header>
   ▼ <div class="container artist">
      ▼ <section class="artist-info">
         ▶ <h1>…</h1>
           <h2>关于 CSS</h2>
           <p>层叠样式表（Cascading Style Sheets，简称 CSS）是一种描述性的语言，主要用来描述
           网页（主要是 HTML）的内容样式和页面布局。</p>
         ▶ <p>…</p>
           <p>读者将在本章了解 CSS 的作用和工作机制，以及主流浏览器和兼容性问题。</p>  == $0
           <h2>主要内容</h2>
         ▶ <ul>…</ul>
         </section>
      ▶ <aside class="artist-aside">…</aside>
      </div>
   </body>
</html>

html   body   div.container.artist   section.artist-info   p
```

图 3-2　元素列表

3. 样式面板

样式面板（Styles）展示了当前选中元素的相关样式，如图 3-3 所示。

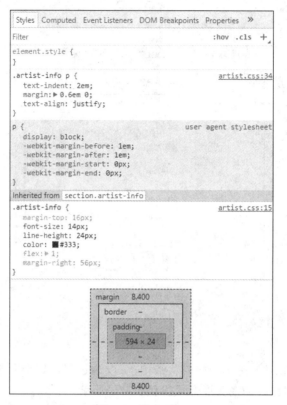

图 3-3　样式面板

样式面板分为以下两大部分。

（1）样式规则：包含应用在元素上的所有样式及来源。

（2）盒模型：展示元素的盒模型及相关属性。

第 4 章　网页中的样式

在了解了 CSS 的语法规则之后,读者将在本章了解在网页中添加样式的方法以及样式的相互作用等内容。

4.1　将 CSS 应用到网页中

在网页中添加样式的方法有三种：内联样式、内部样式和外部样式。

4.1.1　内联样式

在 HTML 元素的"style"属性中添加的样式称为内联样式(inline style,也称为行内样式)。

```
<p style="color: red;">段落的文本显示为红色</p>
```

"style"属性中可以添加多个属性声明。在相邻的属性声明之间添加空格可以保证代码的可读性。

```
<p style="color: red; font-size: 14px; line-height: 20px;">段落的文本显示为红色</p>
```

内联样式的优点如下。
(1) 使用方便,可以在编写 HTML 代码的同时为元素添加样式。
(2) 不需要添加额外的样式文件,代码加载迅速,并可以立即生效。
内联样式的缺点如下。
(1) CSS 代码和 HTML 代码混合在一起,不容易阅读和维护。
(2) 样式只对当前元素生效。
(3) 样式散落在不同的 HTML 元素中,无法重用,也不方便管理。
本书建议尽量避免使用内联样式。

4.1.2　内部样式

在 <head> 元素内通过 <style> 标签添加的样式称为内部样式(internal stylesheet)。

```
<style>
  #target {
    color: yellow;
  }
</style>
```

在 ＜style＞ 标签中,可以为当前页面中的任意元素添加样式规则。

内部样式的优点如下。

(1) 属性声明与 HTML 标签分离,方便管理。

(2) 样式规则可以使用选择器匹配不同元素,提高了 CSS 代码的复用率。

内部样式的缺点是样式规则只对当前页面生效,不同页面无法共用代码。

4.1.3 外部样式

外部样式(external stylesheet)保存在扩展名为 css 的文件中,并通过 ＜link＞ 标签引入网页。

```
/*
 * style/main.css
 */
#target {
  color: yellow;
}
```

```
<!--
- index.html
-->
<head>
  <link rel="stylesheet" href="./style/main.css" />
</head>
```

在外部样式中,可以为所有引用该样式文件的页面中的任意元素定义样式规则。

外部样式的优点如下。

(1) 样式声明位于独立的文件内,可以引入不同的页面中,进一步提高 CSS 代码的复用率。

(2) 不同的样式声明可以保存在不同的文件中,并按需加载。可以节省加载时间,并充分利用浏览器的缓存能力。

外部样式的缺点是在网络环境较差或外部样式文件较多时,样式加载缓慢,会导致页面显示不正常。

建议:尽量将所有样式都写在外部文件中,并减少同时引入的样式文件数量。

4.2 使用 JS 控制样式

浏览器还提供了通过 JS 控制元素样式的功能。

```
<!--
- html
```

```
-->
<p id="target">段落的文本显示为红色</p>
```

```
/*
 * js
 */
var target = document.getElementById('target');
target.style.color = 'red';
target.style.fontSize = '14px';
```

在 JS 中,包含短横线的 CSS 属性名需要使用驼峰式的名称代替,如 font-size 应写作 fontSize。不同类型的属性值一律都使用字符串代替。

使用 JS 添加的样式的作用与内联样式相同。

4.3　相对路径和绝对路径

在网页中引入外部样式文件时,需要在"href"属性中指定 CSS 文件的路径。文件路径有两种表示方式:相对路径和绝对路径。

相对路径是指使用与当前文件的路径关系表示目标文件的位置,如:

```
./b.css        当前目录中的 b.css 文件
../a.css       上级目录中的 a.css 文件
./css/c.css    当前目录中的 css 子目录中的 c.css 文件
```

其中:

(1) ./代表当前目录。

(2) ../代表上级目录。

也可以组合使用:

(1) ./css/代表当前目录中的 css 子目录。

(2) ../css/代表上级目录中的 css 子目录。

(3) ../../代表上级目录的上级目录。

绝对路径是指使用从根目录开始的完整路径表示目标文件的位置,如:

```
C:\works\code\a.css Windows 系统下的绝对路径
~/works/code/a.css  Linux/UNIX 系统下的绝对路径
```

URL 也算是一种绝对路径。

对于如何选择合适的路径表示方式,本书的建议如下。

(1) 将网页代码及相关文件存放在同一目录下(通常是 Git 仓库所在目录),并使用相对路径引用文件。

(2) 仅使用 URL(绝对路径)引用位于互联网或服务器上的其他资源。

注意：Web 相关技术中的路径通常以"/"作为目录分隔符，不可以使用"\"。

4.4　网页中存在的样式

4.1 节列举了三种将 CSS 应用到网页中的方法，但影响网页表现效果的样式还有许多其他类型。

4.4.1　浏览器默认样式

浏览器内置了针对不同元素的默认样式（user agent stylesheet），可以保证未添加样式的 HTML 元素也能够表现出不同的显示效果。

开发者工具展示了当前选中元素的默认样式，如图 4-1 所示。

4.4.2　网页开发者定义的样式

开发者可以通过 4.1 节中列举的三种方式为网页添加样式，这些样式会在用户打开网页时一同加载并生效，这是网页中最主要的样式规则。

开发者工具会展示出当前选中元素对应的开发者定义的样式及其来源（文件或行内样式），如图 4-2 所示。

图 4-1　浏览器默认样式　　　　　　图 4-2　开发者定义的样式及其来源

可以在开发者工具中修改或停用已有样式，也可以为当前元素或对应的样式规则添加新的属性，如图 4-3 所示。

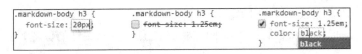

图 4-3　修改、停用和添加样式

相关的操作小技巧如下。

（1）按 Ctrl＋Z/Cmd＋Z 组合键可以撤销编辑操作。

（2）按 Ctrl＋Y/Cmd＋Y 组合键可以恢复刚刚撤销的操作。

（3）默认样式区域是只读的，无法进行操作。

4.4.3　用户自定义样式

部分浏览器支持从指定位置加载样式文件,用户可以在这个样式文件中编写样式规则。

目前比较流行的方式是使用浏览器插件更改网页的样式,Stylus 是这类插件中最受欢迎的一个。在安装 Stylus 插件之后,用户可以从指定的网站[①]下载其他用户共享的样式文件,也可以自己编写样式并添加到插件中。

通过浏览器开发者工具修改和添加的样式也属于用户自定义样式,但使用这种方式对样式进行的修改是临时的,通常只有开发人员会采用这种方式。

4.5　样式的层叠

网页中同时存在多种不同来源的样式,浏览器可以通过样式的层叠(cascade)规则合并不同来源的属性声明。

4.5.1　根据来源确定优先级

元素的特定属性可能受到不同来源的属性声明的影响,例如下面的代码。

```
/*
 * style.css
 */
p {
  color: red; /* 外部样式 */
}
```

```
<!--
- index.html
-->
<link rel="stylesheet" href="style.css" />
<style>
  p {
    color: yellow; /* 内部样式 */
  }
</style>

<!--内联样式 -->
<p style="color: blue;">文字显示为什么颜色?</p>
```

---

① 下载网站为 https://userstyles.org/。

根据来源判断属性声明优先级的规则如下（优先级从低到高）。

（1）浏览器默认样式。

（2）外部样式。

（3）内部样式。

（4）内联样式。

（5）用户自定义样式。

优先级低的属性声明会被优先级高的属性声明覆盖，优先级最高的属性声明才会生效。

在上面的示例代码中，三组样式最终会合并为"color： blue；"，所以元素内的文字会显示为蓝色。

4.5.2　根据规则顺序确定优先级

对于相同来源的样式规则，位于后面的属性声明的优先级更高，例如下面的代码。

```
p {
  color: red;

  color: yellow; /* 优先级高 */
}


p {
  color: blue; /* 优先级更高 */
}
```

在上述代码中，元素内的文字会显示为蓝色。

4.5.3　！important 标记

属性声明后面可以添加！important 标记，表明该属性声明具有最高优先级，可以覆盖其他所有声明。当元素的指定属性受到多个！important 标记影响时，位于后面的属性声明的优先级更高。

在下面的代码中，元素内的文字会显示为红色。

```
p {
  color: red !important; /* 优先级最高 */
}


p {
  color: blue;
}
```

提示：！important 标记是一种破坏正常优先级的规则。当需要覆盖这种声明时，往往需要继续使用！important 标记，会导致样式优先级变得混乱并难以跟踪。所以本书建议**避免使用！important 标记**，尽量通过声明的优先级覆盖样式。

本节介绍的样式声明优先级只针对选择器相同或选择器优先级相同的样式声明，对于不同选择器的优先级，读者可以参考 5.7 节。

4.6　样式的继承

如图 4-4 所示，在翻阅 CSS 参考手册[①]时，会发现每个样式属性都包含一个特征——是否为继承属性。该特征决定了一个元素是否会从父元素继承该属性的值。

初始值	medium
适用元素	all elements. It also applies to ::first-letter and ::first-line.
是否是继承属性	yes
Percentages	refer to the parent element's font size
适用媒体	visual
计算值	as specified, but with relative lengths converted into absolute lengths
Animation type	a length
正规顺序	the unique non-ambiguous order defined by the formal grammar

图 4-4　font-size 属性的特征

如果未给出元素的可继承属性声明值，则该属性会从父元素继承对应的值。如果父元素对应的样式属性也是没有声明的值，则继续向上层元素查找，直到根元素（<html>）为止。可以使用关键词 inherit 指定某个属性从父元素继承。

对于不可继承的属性，如果未声明其值，则使用浏览器默认样式中给定的初始值。

---

① 　CSS 参考手册：访问网址为 https://developer.mozilla.org/zh-CN/docs/Web/CSS/font-size。

第5章 选 择 器

第1~4章介绍了CSS的语法、使用方式和基本特征。本章将介绍CSS中的一款十分灵活的工具——选择器。

选择器通过一系列的规则指定应用当前样式规则的目标元素，也就是说，样式规则只对与选择器相匹配的元素生效，对不匹配的元素无效。

5.1 基本选择器

基本选择器包括以下4种类型。

1. 元素选择器

元素选择器使用元素标签作为选择器。p会匹配当前页面中的所有 <p>元素。

```
/* 匹配当前页面中的所有 <p>元素 */
p {
    color: #333;
}
```

2. ID选择器

#target 匹配 id 属性值为"target"的一个元素。

```
#header {
  margin-bottom: 24px;
}
```

一个页面中不能存在两个 id 属性值相同的元素。

3. 类选择器

.target 匹配 class 属性值中包含"target"单词的元素。

```
.error {
  color: red;
}
```

HTML 元素的 class 属性可以包含多个值,这些值以列表的形式存在(在 DOM 中称为 classList[①])。当列表中有一个值与选择器匹配时,样式就对该元素生效。

4. 全局选择器

* 可以匹配任意的 HTML 元素。

```
* {
  font-size: 14px;
}
```

不推荐使用全局选择器,选择器应当尽量明确目标,以缩小匹配范围。

5.2 属性选择器

属性选择器通过属性名和属性值匹配元素,有以下几种用法。

(1)[attr]:匹配所有包含 attr 属性的元素。

(2)[attr="value"]:匹配所有 attr 属性值为"value"的元素。

(3)[attr~="value"]:匹配所有 attr 属性值包含单词"value"的元素。

(4)[attr|="value"]:匹配所有 attr 属性值以"value"或"value-"作为开头的元素。

(5)[attr^="value"]:匹配所有 attr 属性值以"value"作为开头的元素。

(6)[attr$="value"]:匹配所有 attr 属性值以"value"作为结尾的元素。

(7)[attr*="value"]:匹配所有 attr 属性值包含字符串"value"的元素。表 5-1 展示了用法(3)和用法(7)的异同(√代表匹配,—代表不匹配)。

表 5-1 [attr~="cat"]与[attr*="cat"]的区别

元素属性	attr~="cat"	attr*="cat"
attr="cat"	√	√
attr="cat dog"	√	√
attr="catch"	—	√
attr="catch dog"	—	√

用法(3)要求属性值包含独立的单词,用法(7)则只要求属性值包含字符串。

5.3 伪类选择器

伪类是指一些添加到选择器的关键词,它们代表了元素的特殊状态或位置。选择器与关键词之间使用:分隔。

---

① classList:访问网址为 https://developer.mozilla.org/en-US/docs/Web/API/Element/classList。

5.3.1 a 元素专属的几种状态

（1）a:link 代表未被访问过的 a 元素。

（2）a:visited 代表已访问过的 a 元素。

5.3.2 :active 状态

target:active 代表处于激活状态（单击鼠标或点击触摸屏上的按钮）的 target 元素。

```
/* 单击鼠标时,设置 button 的背景色 */
button:active {
  background-color: #66F;
}
```

5.3.3 :hover 状态

target:hover 代表鼠标指针位于元素上时的状态。

```
/* 鼠标经过时,设置 div 的背景色 */
div:hover {
  background-color: #EEE;
}
```

5.3.4 :focus 状态

target:focus 代表 target 元素已获得焦点的状态。

```
/* button 获得焦点时,设置其轮廓 */
button:focus {
  outline: solid 2px #AAF;
}
```

5.3.5 :enabled 状态与 :disabled 状态

target:enabled 代表表单元素和按钮未禁用的状态；target:disabled 代表元素已禁用的状态。

```
/* 当按钮被禁用时,设置其文本颜色 */
button:disabled {
  color: #CCC;
}
```

5.3.6 :checked 状态

target:checked 代表已选中的 checkbox 或 radio 元素。

5.3.7 :root 状态

target:root 代表根元素。在 HTML 中,根元素等同于 html 元素。

```
/* 设置 html 元素的字号 */
:root {
  font-size: 14px;
}
```

5.3.8 子元素位置

子元素位置有以下几种表示方法。

(1) target:first-child 代表作为外部元素第一个子元素的 target 元素。

(2) target:last-child 代表作为外部元素最后一个子元素的 target 元素。

(3) target:nth-child(n)代表作为外部元素第 n 个子元素的 target 元素。

(4) target:nth-last-child(n)代表作为外部元素倒数第 n 个子元素的 target 元素。

(5) target:only-child 代表作为外部元素唯一一个子元素的 target 元素。

其中,n 代表子元素的位置,可以有以下取值。

(1) 正整数(1,2,3,...)。

(2) odd:代表奇数位置(1,3,5,...)。

(3) even:代表偶数位置(2,4,6,...)。

(4) $ax+b$:a、b 为正整数,x 的最小值为 0(如 $2x+1$ 等同于 odd,$2x$ 等同于 even)。

```
/* 在列表项之间添加分隔线的一种方式 */

ul > li {
  /* 为每个列表项添加底部边框 */
  border-bottom: solid 1px #EEE;
}
```

```
ul > li:last-child {
  /* 取消最后一个列表项的底部边框 */
  border-bottom: none;
}
```

5.3.9　子元素类型

子元素有以下几种类型。

（1）target:first-of-type 代表作为外部元素内第一个 target 类型的子元素。

（2）target:last-of-type 代表作为外部元素内最后一个 target 类型的子元素。

（3）target:nth-of-type(n)代表作为外部元素内第 n 个 target 类型的子元素。

（4）target:nth-last-of-type(n)代表作为外部元素内倒数第 n 个 target 类型的子元素。

（5）target:only-of-type 代表作为外部元素内唯一一个 target 类型的子元素。

```
/* 为 div 内的第一个 p 元素添加边框 */
div > p:first-of-type {
  border: solid 1px #EEE;
}
```

5.3.10　:not(selector)

target:not(selector) 用来选择不匹配 selector 的 target 元素。

5.3.11　:fullscreen

target:fullscreen 用来匹配处于全屏显示模式的 target 元素，可以参考浏览器的 Fullscreen API[1]。

5.4　伪元素选择器

伪元素代表位于特殊位置的元素或内容。

为了区分伪类和伪元素，在 CSS 3 中推荐使用 :: 作为分隔符。如果需要兼容之前的浏览器，则可以使用下面的写法：

---

[1]　Fullscreen API：访问网址为 https://developer.mozilla.org/en-US/docs/Web/API/Fullscreen_API。

```
div:after,
div::after {}
```

5.4.1 ::after

target::after 可以创建一个伪元素作为 target 元素的最后一个子元素,通常会配合 content 属性使用。

```
/* 在每个段落末尾插入一个元素 */
p::after {
  content:"△";  /* 设置该元素的内容为 "△" */
  color: red;     /* 设置其颜色为红色 */
}
```

可以继续给伪元素添加其他样式。

5.4.2 ::before

类似于 target::after,target::before 可以创建一个伪元素,作为 target 元素的第一个子元素。

5.4.3 ::first-letter

target::first-letter 代表元素内的首个字符。

```
p::first-letter {
  font-size: 2em;   /* 将段落首个字符的字号设置为两倍大小 */
}
```

5.4.4 ::first-line

target::first-line 代表元素内的首行字符。

5.4.5 ::selection

target::selection 代表已选中的字符(通常具有选中高亮的效果)。

注意:该伪类不支持 target:selection 的写法。

```
body::selection {  /* 设置选中文本的颜色和背景色 */
  color: #FFF;
  background-color: rgba(255, 64, 64, 0.5);
}
```

5.5　关系选择器

关系选择器通过元素之间的位置关系匹配目标元素。

以下内容中的"a""b""c"分别代表选择器。

1. 嵌套关系

a b 用于匹配 a 元素内的所有 b 元素(祖先元素与后代元素,包括父子关系)。

类似地,a b c 用于匹配 a 元素内的 b 元素内的所有 c 元素。通常不建议叠加超过三组选择器。

2. 父子关系

a > b 用于匹配以 a 元素作为父元素的所有 b 元素(只能是父子关系)。

3. 相邻关系

a + b 用于匹配紧跟在 a 元素后面的 b 元素(相邻关系)。

4. 兄弟关系

a ~ b 用于匹配和 a 元素具有相同父元素的所有 b 元素(兄弟关系)。

5.6　选择器组合

前面几节介绍了不同类型的选择器,这些选择器可以单独使用,也可以通过叠加和组合实现更复杂的匹配逻辑。

5.6.1　叠加

除了个别基本选择器,其他类型的选择器都可以相互叠加使用。

```
/* 基本选择器 + 基本选择器 */
button.ok {}
/* 匹配 class 值包含 "ok" 的 button 元素 */
```

```
/* 基本选择器 +属性选择器 */
span[title="hello"] {}
/* 匹配 title 属性值为 "hello" 的 span 元素 */


/* 基本选择器 +伪元素选择器 */
button:focus {}
/* 匹配当前具有焦点的 button 元素 */


/* 基本选择器 +属性选择器 +伪元素选择器 */
input[type="checkbox"]:checked {}
/* 匹配已选中的 checkbox 表单元素 */
```

5.6.2　组合

a 和 b 分别代表不同的选择器，a，b 代表包含两组选择器所匹配元素的集合。

```
p {
  color: #333;
}
h2 {
  color: #333;
}


/* 等同于 */
p,
h2 {
  color: #333;
}
```

建议每组选择器独占一行。

5.7　选择器优先级

当一个元素对应多组样式规则时，浏览器通过选择器优先级决定将哪些样式应用到该元素。

读者在编写 CSS 代码时并不需要直接计算选择器的优先级，只需要判断两组选择器的优先级大小关系即可。

使用开发者工具可以直观方便地做出判断。如图 5-1 所示，位于上面的选择器的优先级更高。

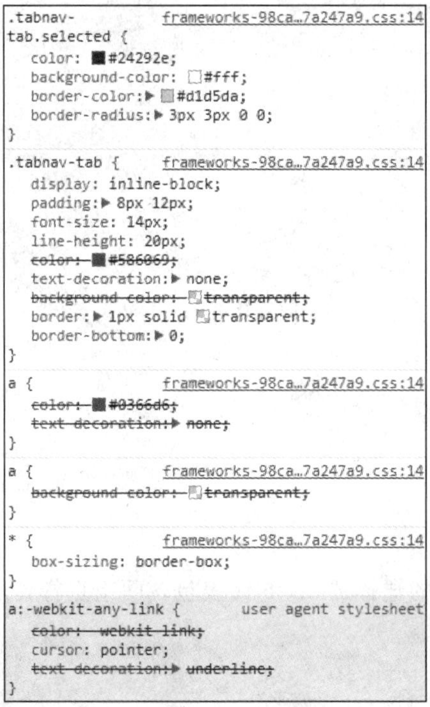

```
.tabnav-                 frameworks-98ca…7a247a9.css:14
tab.selected {
    color: ■#24292e;
    background-color: □#fff;
    border-color:▶ ■#d1d5da;
    border-radius:▶ 3px 3px 0 0;
}

.tabnav-tab {            frameworks-98ca…7a247a9.css:14
    display: inline-block;
    padding:▶ 8px 12px;
    font-size: 14px;
    line-height: 20px;
    color:▶ ■#586069;
    text-decoration:▶ none;
    background-color: ■transparent;
    border:▶ 1px solid ■transparent;
    border-bottom:▶ 0;
}

a {                      frameworks-98ca…7a247a9.css:14
    color: ■#0366d6;
    text-decoration:▶ none;
}

a {                      frameworks-98ca…7a247a9.css:14
    background-color: ■transparent;
}

* {                      frameworks-98ca…7a247a9.css:14
    box-sizing: border-box;
}

a:-webkit-any-link {        user agent stylesheet
    color: -webkit-link;
    cursor: pointer;
    text-decoration:▶ underline;
}
```

图 5-1   通过开发者工具判断选择器的优先级

第 6 章　CSS 属性值

除了具有功能强大的选择器以外,CSS 还提供了多种不同类型的属性值。

6.1　整数

包含正整数、负整数和零,如−3、0、1、+5 等。

6.2　数值

包含整数、小数和科学计数法,如 2、3.6、0.4、−2.5、5e3 等。其中,0.4 可以简写为 .4。

6.3　百分数

如 30％、12.5％、200％等。

6.4　尺寸值

由数字和紧跟其后的单位组成,如 14px、2em 等。

尺寸值可用的单位有很多,下面分三组列举。

1. 绝对单位

(1) px:像素(pixel)。

(2) cm:厘米(centimeter)。

(3) mm:毫米(millimeter)。

(4) in:英寸(inch,约等于 2.54cm)。

(5) pt:磅(point,等于 1/72in)。

(6) pc:(pica,等于 12pt)。

px 是最常用的绝对单位,它代表屏幕的显示像素,常用于精确的尺寸定义。

注意:屏幕的物理分辨率和显示分辨率不一定相同。例如谷歌 Nexus 5 手机的物理分辨率为 1080×1920,显示分辨率为 360×640,它的设备像素比(device pixel ratio)为 3,每个显示像素由 9 个物理像素组成。

2. 文本相关的单位

(1) em：当前元素 font-size 的值（1.5em 代表 font-size 值的 1.5 倍）。

(2) ex：当前字体中"x"字符的高度（如图 6-1 所示）。

图 6-1　西文字体中的 x 字符的字高①

(3) rem：根元素 font-size 的值。

(4) ch：当前字体中"0"字符的宽度。

(5) lh：当前元素 line-height 的值。

(6) rlh：根元素 line-height 的值。

em 和 rem 更适合文本相关的属性。当页面中的文本都使用这两个单位时，可以通过改变根元素的字号缩放所有文本。

3. 环境相关的单位

(1) vh：浏览器内容显示区域高度的 1%。

(2) vw：浏览器内容显示区域宽度的 1%。

(3) vmin：显示区域高度和宽度中最小值的 1%。

(4) vmax：显示区域高度和宽度中最大值的 1%。

当值为 0 时，可以省略其单位（0 等同于 0px），该规则适用于所有带单位的值。

6.5　角度值

由数字和紧跟其后的单位组成，如 90deg、0.5rad。与角度相关的单位包括以下四种：

(1) eg：度（一个圆为 360deg）。

(2) rad：弧度（一个圆为 2π，约等于 6.28rad）。

(3) grad：百分度（一个圆为 400grad）。

(4) turn：圈数（一个圆为 1turn）。

6.6　时间

由数字和紧跟其后的单位组成，如 3s、500ms。与时间相关的单位包括但不限于以下两种。

---

① 　x 字符的字高：参考网址为 https://zh.wikipedia.org/wiki/X 字高。

（1）s：秒。

（2）ms：毫秒。

6.7　字符串

由包含在英文双引号或单引号中的任意数量的字符组成,如"abc"。也支持"\"后紧跟十六进制 Unicode 编码的形式,如"\A9"(©)、"\706B"(火)等。

本书推荐统一使用英文双引号。

6.8　关键词

属性相关的关键词包括 none、left、red 等。

与字符串不同的是,关键词不能包含在引号中。

6.9　颜色值

颜色有多种不同的表示方式。

1. 关键词

（1）transparent：代表透明。

（2）currentColor：代表元素 color 属性当前的值。

2. 颜色名

浏览器支持数十种颜色名称的关键词,如 red(红色)、darkgreen(深绿色)等,可以参考色彩关键字[①]。

3. ♯RRGGBB 和 ♯RGB

使用 ♯ 和紧跟其后的十六进制数表示红（Red）、绿（Green）、蓝（Blue）三原色的强度。

十六进制数的范围是 0～9 及 A～F(0 代表最弱,F 代表最强)。

（1）♯FFFFFF：白色。

（2）♯FF0000：红色。

（3）♯0000FF：蓝色。

（4）♯000000：黑色。

也可以使用三位十六进制数表示,如

（1）♯FFF：等同于 ♯FFFFFF。

---

① 色彩关键字：参考网址为 https://developer.mozilla.org/en-US/docs/Web/CSS/color_value♯colors_table。

（2）♯00F：等同于 ♯0000FF。

在颜色中使用小写字母（a～f）表示十六进制数也没有问题，但建议统一使用大写字母。

4. rgb() 和 rgba()

rgb() 使用数字（0～255）或百分数（0％～100％）代表颜色强度。

0 和 0％ 代表颜色强度最弱，255 和 100％ 代表颜色强度最强。

（1）rgb(0, 0, 0)：黑色。

（2）rgb(255, 255, 0)：黄色。

（3）rgb(0％, 0％, 100％)：蓝色。

rgba() 类似于 rgb()。其中 a 代表颜色的透明度（alpha），可以使用数字（0～1）或百分数（0％～100％）表示。0 和 0％ 代表完全透明，1 和 100％ 代表完全不透明。

（1）rgba(0, 0, 0, 0)：完全透明的黑色（等同于 transparent 关键词）。

（2）rgba(0, 0, 0, 0.3)：透明度为 0.3 的黑色（常用于半透明遮罩）。

颜色透明度（alpha）和元素透明度（opacity）存在较大的差别。

（1）颜色透明度仅作用于应用该颜色的部分，如文本、边框或背景部分。

（2）元素透明度作用于整个元素的可见部分（包括所有子元素）。

5. hsl() 和 hsla()

hsl() 和 hsla() 使用色相（hue）、饱和度（saturation）和亮度（luminance）三个参数表示一种颜色，a 代表透明度。

（1）h：代表色相，对应色环（如图 6-2 所示）上的角度值（deg），值的范围是 0～360，没有单位。

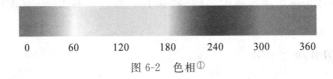

图 6-2　色相[①]

（2）s：代表饱和度，值的范围是 0％～100％。值越小，颜色越偏向黑、白、灰色；值越大，颜色越鲜艳。

（3）l：代表亮度，值的范围是 0％～100％。值越小，颜色越偏向黑色；值越大，颜色越偏向白色。

（4）hsl(0, 0％, 100％)：等同于 ♯FFFFFF。

（5）hsl(0, 100％, 50％)：等同于 ♯FF0000。

（6）hsl(240, 100％, 50％)：等同于 ♯0000FF。

---

① 色相：参考网址为 https://zh.wikipedia.org/wiki/色相。

6.10　函数

CSS 中包含许多不同的函数，下面列举两个比较有代表性的函数，其他函数的用法会在后面介绍不同的属性时逐一详细说明。

1. url() 函数

url() 函数用于指定一个文件资源，通常是图像或字体文件，其语法如下。

```
url("./images/logo.png")
url('./images/logo.png')
url(./images/logo.png)
```

括号内需要包含代表资源位置的字符串，可以是相对路径或绝对路径。建议统一使用英文双引号。

2. calc() 函数

calc() 函数可以对数值、尺寸值和百分数等几种类型的值进行数学运算。

calc() 函数支持加（＋）、减（－）、乘（＊）、除（/）四种运算符，也支持内部嵌套 calc() 函数（相当于加一层括号）。

＋、－ 运算符的两侧和值之间必须有一个空格，＊、/ 运算符的两侧和值之间不要求必须有空格，但建议统一在四个运算符的两侧添加空格。

示例代码如下。

```
calc(100% - 60px)    /* 最终值取决于自身或容器的实际尺寸 */
calc(100% / 3)       /* 约等于 33.3333% */
```

第 7 章　字体和文本

文字是网页中最主要的内容之一，本章将介绍与字体和文本相关的样式属性。

7.1　本章实例

如图 7-1 所示，该实例主要展示了文本内容的排版。

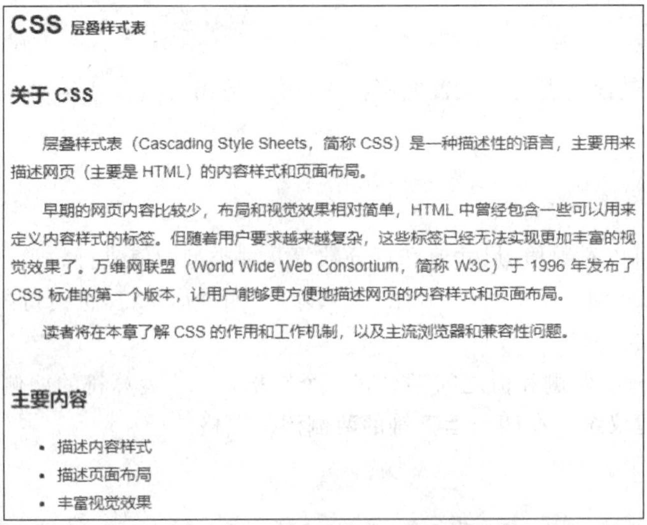

图 7-1　文本和字体实例

示例代码如下。

```html
<!--code/07/01/index.html -->
<section class="artist-info">
  <h1>
    <span>CSS</span>
    <small>层叠样式表</small>
  </h1>
  <h2>关于 CSS</h2>
  <p>层叠样式表(Cascading Style Sheets,简称 CSS)是一种描述性的语言,主要用来描述网页(主要是 HTML)的内容样式和页面布局。</p>
  <p>早期的网页内容比较少,布局和视觉效果相对简单,HTML 中曾经包含一些可以用来定义内容样式的标签。但随着用户的要求越来越复杂,这些标签已经无法实现更加丰富的视觉效果了。万维网联盟(World Wide Web Consortium,简称 W3C)于 1996年发布了 CSS 标准的第一个版本,让用户能够更方便地描述网页的内容样式和页面布局。</p>
```

```
  <p>读者将在本章了解 CSS 的作用和工作机制,以及主流浏览器和兼容性问题。</p>
  <h2>主要内容</h2>
  <ul>
    <li>描述内容样式</li>
    <li>描述页面布局</li>
    <li>丰富视觉效果</li>
  </ul>
</section>
```

```
/* code/07/01/style.css */
/*
* 设置该区域的字体、字号、行高及文本颜色
*/
.artist-info {
  font-family: Arial, Helvetica, sans-serif;
  font-size: 14px;
  line-height: 24px;
  color: #333;
}
/*
* 设置该区域内一级标题的字号及上下外边距
*/
.artist-info h1 {
  font-size: 1.6em;
  margin: 1.2em 0;
}
/*
* 设置一级标题内 small 元素的字号
*/
.artist-info h1 small {
  font-size: 0.6em;
}


/*
* 设置该区域内二级标题的字号及上下外边距
*/
.artist-info h2 {
  font-size: 1.2em;
  margin: 2em 0 1em;
}


/*
* 设置该区域内段落的首行缩进、上下外边距及文本对齐方式
```

```
* /
.artist-info p {
  text-indent: 2em;
  margin: 0.6em 0;
  text-align: justify;
}
```

7.2 字体相关属性

7.2.1 font-family 属性

font-family 属性用于设置元素的字体。宋体、黑体和微软雅黑是比较常见的中文字体。

```
#target {
  font-family: "Helvetica Neue", Helvetica, Arial, "Microsoft YaHei", sans-
  serif;
}
```

属性值由一个或多个字体名称组成，浏览器会按照从前到后的顺序查找可用字体。字体名称包含以下两类。

（1）字体族名称（如"Helvetica"）。可以使用系统内置的字体或通过 @font-face 声明引入的字体。如果名称中包含空格，则需要包含在英文双引号中。

（2）通用名称。属性列表末尾需要包含至少一个通用名称作为备用选项。

① serif：衬线字体。

② sans-serif：非衬线字体。

③ monospace：等宽字体。

④ cursive：草书字体（连笔字）。

⑤ fantasy：艺术字。

⑥ system-ui：系统默认字体。

图 7-2 展示了不同通用字体名称对应的效果。

示例代码如下，

图 7-2　通用字体名称及其效果

```
<!--code/07/02/index.html -->
<dl>
  <dt>serif</dt>
  <dd class="font-serif">font-family 属性,通用字体名称</dd>
  <dt>sans-serif</dt>
```

```
<dd class="font-sans-serif">font-family 属性,通用字体名称</dd>
<dt>monospace</dt>
<dd class="font-monospace">font-family 属性,通用字体名称</dd>
<dt>cursive</dt>
<dd class="font-cursive">font-family 属性,通用字体名称</dd>
<dt>fantasy</dt>
<dd class="font-fantasy">font-family 属性,通用字体名称</dd>
<dt>system-ui</dt>
<dd class="font-system-ui">font-family 属性,通用字体名称</dd>
</dl>
```

```css
/* code/07/02/style.css */
.font-cursive {
  font-family: cursive;
}
.font-fantasy {
  font-family: fantasy;
}
.font-system-ui {
  font-family: system-ui;
}

.font-serif {
  font-family: serif;
}
.font-sans-serif {
  font-family: sans-serif;
}
.font-monospace {
  font-family: monospace;
}
```

由于操作系统的类型和版本众多,为 font-family 属性选择合适的属性值是一项比较困难的工作,建议读者结合不同的系统和浏览器进行选择。

7.2.2 font-size 属性

font-size 属性用于设置字体大小(字号)。

```css
#target {
  font-size: 14px;
}
```

可用的属性值如下。

（1）绝对值：xx-small、x-small、small、medium、large、x-large、xx-large。

（2）相对值：smaller、larger。

（3）尺寸值：14px、1.2em、1rem 等。

（4）百分数：120％等。

使用 px 作为单位可以精确地指定字体大小。

如果需要灵活地根据设备类型、屏幕宽度及像素密度等环境参数决定字体大小，则可以参考下面的步骤。

（1）字体大小及相关尺寸值使用 em/rem 值或百分数表示。

（2）使用 @media 声明设置不同环境下的 html 元素的字体大小。

这是媒体查询（media query）技术的一种用法，详细介绍请参考 3.4.3 节。

7.2.3　font-style 属性

font-style 属性用于设置字体的显示效果。

```
#target {
    font-style: italic;
}
```

可用的属性值如下。

（1）normal：常规字体。

（2）italic：斜体。

（3）oblique：倾斜体。

7.2.4　font-weight 属性

font-weight 属于用于设置字体的粗细程度。

```
#target {
    font-weight: bold;
}
```

可用的属性值如下。

（1）关键词：normal（等于 400）、bold（等于 700）。

（2）相对值：lighter、bolder。

（3）特定数值：100、200、300、400、500、600、700、800、900。

如果字体不支持指定的粗细，则浏览器会选择比较接近的粗细值代替。

7.2.5 line-height 属性

line-height 属性用于设置一行文本所占的高度(行高)。

```
#target {
  line-height: 1.6em;
}
```

可用的属性值如下。

(1) normal：默认值(默认约为字号的 1.2 倍,具体取决于浏览器)。

(2) 数值：字号的倍数。

(3) 尺寸值。

(4) 百分数。

7.2.6 font 属性

font 属性是可以同时声明多个字体相关属性的简写属性(shorthand property)。

```
#target {
  font: 16px bold monaco, sans-serif;
}
```

font 属性可以包含的属性及顺序如下。

(1) font-style。

(2) font-weight。

(3) font-size。

(4) line-height。

(5) font-family。

font-family 属性是必需的,其他属性是可选的。多个属性的顺序并没有严格要求,但仍然建议按照上面的顺序书写。

7.2.7 @font-face 声明

@font-face 声明是@规则的一种,用来定义外部字体。

使用外部字体,网页开发者就不再需要依赖系统的内置字体,不仅能够统一网页内文字的显示效果,还可以使用更加丰富的字体,如图标字体(icon-font)等。

图标字体是一种特殊字体,它的主要内容是图形符号(图标)。相对于以图像作为图标的方式,图标字体拥有体积小、缩放不失真、可以自由设置颜色等特点。

示例代码如下。

```
/* 声明 "My Font" 字体 */
@font-face {
  font-family: "My Font";
  src: url("./fonts/my-font.ttf");
}

/* 调用 "My Font" 字体 */
#target {
  font-family: "My Font", sans-serif;
}
```

@font-face 声明可以使用下面的属性。

（1）font-family 属性。声明一个可以用在 font-family 属性或 font 属性中的名称，该属性是必需的。

（2）src 属性。该属性用于声明外部字体的路径或本地字体的名称。

```
/* 来自指定 URL 的字体文件 */
src: url("https://example.com/fonts/my-font.ttf");

/* 来自相对路径的字体文件 */
src: url("./fonts/my-font.ttf");

/* 可以使用 format() 函数指定字体类型 */
src: url("./fonts/my-font.ttf") format("truetype");

/* 本地字体的名称 */
src: local("Monaco");
```

```
@font-face {
  font-family: "My Font";
  src: url("./fonts/my-font.ttf") format("truetype"),
       url("./fonts/my-font.woff") format("woff");
}
```

src 支持多个值，可以用来添加不同格式的字体文件。

通常需要提供多种不同格式的字体以兼容不同的浏览器，可以参考表 7-1 选择合适的字体格式。

表 7-1　字体格式兼容列表①

字体格式	Chrome	Firefox	IE	Edge	Safari
ttf/otf	√	√	9+	√	√
eot	—	—	6+	—	—
svg	—	—	—	—	√
woff	√	√	9+	√	√
woff2	√	√	—	14+	√②

7.3　文本相关属性

7.3.1　direction 属性

direction 属性用于设置文本的方向。

```
#target {
  direction: rtl;
}
```

可用的属性值如下。

（1）ltr：文本从左向右书写（如中文、英文等大部分文字）。

（2）rtl：文本从右向左书写（如希伯来文、阿拉伯文等）。

7.3.2　letter-spacing 属性

letter-spacing 属性用于设置字符间距。

```
#target {
  letter-spacing: 3px;
}
```

可用的属性值如下。

（1）normal：默认间距（等于 0）。

（2）尺寸值。

7.3.3　word-spacing 属性

word-spacing 属性用于设置单词和标签的间距。

---

① 字体格式兼容列表：参考网址为 https：//caniuse.com/#feat=fontface。

② 仅适用于 macOS Sierra（Safari 10+）及 iOS 10+（Safari 10.2+）。

```
#target {
  word-spacing: 6px;
}
```

可用的属性值如下。

（1）normal：默认间距。

（2）尺寸值。

（3）百分数：为受影响的字符增加额外的间距。

7.3.4　white-space 属性

white-space 属性用于设置空白符（空格、制表符、换行符等）的处理方式。可用的属性值及行为见表 7-2。

表 7-2　空白符的处理方式

属　性　值	换　行　符	空格和制表符	文　字　换　行
normal	合并	合并	换行
nowrap	合并	合并	不换行
pre	保留	保留	不换行
pre-wrap	保留	保留	换行
pre-line	保留	合并	换行

图 7-3 展示了 white-space 属性的不同属性值及效果。

图 7-3　white-space 属性的不同属性值及效果

示例代码如下。

```html
<!--code/07/03/index.html -->
<div class="row">
  <h2>normal</h2>
  <div class="white-space-normal">换行
    符,多个    空格,多个        制表符</div>
  <h2>nowrap</h2>
  <div class="white-space-nowrap">换行
    符,多个    空格,多个        制表符</div>
  <h2>pre</h2>
  <div class="white-space-pre">换行
    符,多个    空格,多个        制表符</div>
  <h2>pre-wrap</h2>
  <div class="white-space-pre-wrap">换行
    符,多个    空格,多个        制表符</div>
  <h2>pre-line</h2>
  <div class="white-space-pre-line">换行
    符,多个    空格,多个        制表符</div>
</div>
```

```css
/* code/07/03/style.css */
.row {
  width: 160px;
  border: dashed 3px #AAF;
}
.row >h2 {
  font-size: 16px;
  margin: 6px 0;
}
.row >div {
  padding: 6px 0;
}

.white-space-normal {
  white-space: normal;
}
.white-space-nowrap {
  white-space: nowrap;
}
.white-space-pre {
  white-space: pre;
}
.white-space-pre-wrap {
  white-space: pre-wrap;
}
```

```
.white-space-pre-line {
  white-space: pre-line;
}
```

7.3.5　word-break 属性

word-break 属性用于设置当文本内容溢出时单词的断行方式,可用的属性值如下。

（1）normal：单词内不断行（默认方式）。

（2）break-all：单词内任意位置可以断行,包括 CJK（中文、日文和韩文）文本。

（3）keep-all：CJK 文本内不断行,非 CJK 单词内不断行。

图 7-4 展示了 word-break 属性的不同属性值及效果。

示例代码如下。

图 7-4　word-break 属性的不同属性值及效果

```
<!--code/07/04/index.html -->
<div class="row">
  <h2>normal</h2>
  <div class="word-break-normal">CSS is awesome</div>
  <div class="word-break-normal">单词和文本是否断行</div>
  <h2>break-all</h2>
  <div class="word-break-break-all">CSS is awesome</div>
  <div class="word-break-break-all">单词和文本是否断行</div>
  <h2>keep-all</h2>
  <div class="word-break-keep-all">CSS is awesome</div>
  <div class="word-break-keep-all">单词和文本是否断行</div>
</div>
```

7.3.6　text-align 属性

text-align 属性用于设置文本的对齐方式,可用的属性值如下。

（1）left：居左（默认值）。

（2）center：居中。

（3）right：居右。

（4）start：书写开始的方向（根据 direction 确定：ltr 时为左，rtl 时为右）。

（5）end：书写结束的方向。

（6）justify：两端对齐。

```
/* code/07/04/style.css */
.row {
  width: 120px;
  border: dashed 3px #AAF;
}
.row >h2 {
  font-size: 16px;
  margin: 6px 0;
}
.row >div {
  padding: 6px 0;
}

.word-break-normal {
  word-break: normal;
}
.word-break-break-all {
  word-break: break-all;
}
.word-break-keep-all {
  word-break: keep-all;
}
```

图 7-5 展示了 text-align 属性的不同属性值及效果。

图 7-5　text-align 属性的不同属性值及效果

示例代码如下。

```
<!-- code/07/05/index.html -->
<div class="row">
  <h2>left</h2>
  <div class="text-align-left">CSS is awesome, CSS is awesome, CSS is awesome
  </div>
  <h2>center</h2>
  < div class = " text - align - center " > CSS is awesome, CSS is awesome, CSS is
  awesome</div>
```

```
<!-- code/07/05/index.html -->
<h2>right</h2>
  <div class="text-align-right">CSS is awesome, CSS is awesome, CSS is awesome
  </div>
  <h2>justify</h2>
  < div class = " text - align - justify " > CSS is awesome, CSS is awesome, CSS is
  awesome</div>
</div>
```

```css
/* code/07/05/style.css */
.row {
  width: 200px;
  border: dashed 3px #AAF;
}
.row >h2 {
  font-size: 16px;
  margin: 6px 0;
}
.row >div {
  padding: 6px 0;
}

.text-align-left {
  text-align: left;
}
.text-align-center {
  text-align: center;
}
.text-align-right {
  text-align: right;
}
.text-align-justify {
  text-align: justify;
}
```

　　不建议使用空格调整字符间距,因为空格的宽度并非确定的值,建议采用以下两种更好的方式。

　　(1) 使用 letter-spacing 属性。

　　(2) 添加指定宽度的父元素作为容器,然后设置 text-align：justify,使字符或单词两端对齐。

7.3.7　text-justify 属性

text-justify 属性用于设置当 text-align 为 justify 时文本的对齐方式。

```
#target {
  text-justify: inter-word;
}
```

可用的属性值如下。

(1) auto：默认方式。

(2) inter-word：在单词之间增加空间(会影响 word-spacing)。

(3) inter-character：在字符之间增加空间(会影响 letter-spacing)。

(4) none：使该属性无效。

7.3.8　text-indent 属性

text-indent 属性用于设置文本首行内容的缩进尺寸。

```
#target {
  text-indent: 2em;
}
```

可用的属性值如下。

(1) 尺寸值：如 2em(缩进两个中文字符的宽度)。

(2) 百分值：根据容器的宽度进行计算。

7.3.9　text-transform 属性

text-transform 属性用于设置文本的大小写规则。

```
#target {
  text-transform: uppercase;
}
```

可用的属性值如下。

（1）uppercase：所有字符大写。

（2）lowercase：所有字符小写。

（3）none：等同于不设置该属性。

7.3.10　text-overflow 属性

text-overflow 属性用于设置文本从容器元素中溢出时的处理方式，可用的属性值如下。

（1）clip：在容器边缘处截断。

（2）ellipsis：将靠近容器边缘的内容替换为省略号(...)。

图 7-6 展示了 text-overflow 属性的不同属性值及效果。

图 7-6　text-overflow 属性的不同属性值及效果

示例代码如下。

```html
<!--code/07/06/index.html -->
<h2>clip</h2>
<div class="text-overflow clip">CSS is awesome</div>
<h2>ellipsis</h2>
<div class="text-overflow ellipsis">CSS is awesome</div>
```

```css
/* code/07/06/style.css */
h2 {
  font-size: 16px;
  margin: 6px 0;
}

.text-overflow {
  width: 100px;
  border: dashed 3px #AAF;
  overflow: hidden;
  white-space: nowrap;
}

.clip {
  text-overflow: clip;
}
```

```
.ellipsis {
  text-overflow: ellipsis;
}
```

注意：text-overflow 属性必须配合以下两个属性声明使用才会生效。

```
overflow: hidden;
white-space: nowrap;
```

7.3.11 word-wrap 属性

word-wrap 属性用于设置当文本溢出容器时是否在单词中断行。

```
#target {
  word-wrap: break-word;
}
```

可用的属性值如下。

（1）normal：不能在单词内断行。

（2）break-word：可以在单词内断行。

在 CSS 3 中，该属性被重新命名为 overflow-wrap。为了保证兼容性，建议只使用 word-wrap，或者两个属性一同使用。

```
#target {
  overflow-wrap: break-word;
  word-wrap: break-word;
}
```

7.3.12 user-select 属性

user-select 属性用于设置是否允许选择元素中的内容（文本、图像等）。

```
#target {
  user-select: none;
}
```

可用的属性值如下。

（1）none：禁止选择元素中的内容（包括子元素）。

（2）auto：遵循浏览器的默认行为。

（3）text：可以选择元素中的内容（包括子元素）。

（4）all：当在元素内单击鼠标时，选中元素中的所有内容（包括子元素）。

7.4　装饰性样式

7.4.1　color 属性

color 属性用于设置元素内文本及 text-decoration 所显示的颜色，以及关键词 currentColor 所代表的值，可用的属性值为颜色值。

```
#target {
  color: red;
}
```

7.4.2　text-decoration 属性

text-decoration 属性用于设置文本的装饰线风格，可用的属性值如下。

（1）none：无装饰线。

（2）underline：下画线。

（3）overline：上画线。

（4）line-through：删除线。

装饰线的颜色和文本的颜色相同。

图 7-7 展示了 text-decoration 属性的不同属性值及效果。

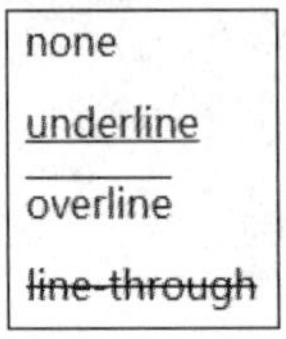

图 7-7　text-decoration 属性的不同属性值及效果

示例代码如下。

```
<!--code/07/07/index.html -->
<div class="text-decoration-none">none</div>
<div class="text-decoration-underline">underline</div>
<div class="text-decoration-overline">overline</div>
<div class="text-decoration-line-through">line-through</div>
```

```
/* code/07/07/style.css */
div {
  margin: 12px 0;
}
```

```
.text-decoration-none {
  text-decoration: none;
}
.text-decoration-underline {
  text-decoration: underline;
}
.text-decoration-overline {
  text-decoration: overline;
}
.text-decoration-line-through {
  text-decoration: line-through;
}
```

7.4.3 text-shadow 属性

text-shadow 属性用于设置文本的阴影效果,该属性的值包含以下几个部分。

(1) offset-x:阴影横向偏移(向右为正,向左为负,必需)。

(2) offset-y:阴影纵向偏移(向下为正,向上为负,必需)。

(3) blur-radius:阴影模糊半径(可选)。

(4) color:阴影颜色(可选)。

图 7-8 展示了 text-shadow 属性的效果。

text-shadow

图 7-8 text-shadow 属性的效果

示例代码如下。

```
<!--code/07/08/index.html -->
<div class="text-shadow">text-shadow</div>
```

```
/* code/07/08/style.css */
.text-shadow {
  font-size: 20px;
  line-height: 36px;
  text-shadow: 8px 8px 2px #CCC;
}
```

第8章 盒 模 型

页面中的每个元素都占据一个矩形区域,浏览器通过计算这个矩形区域的尺寸实现页面布局。

本章将详细介绍盒模型的各种概念,以及盒模型在布局上的不同用法。

8.1　本章实例——音乐网站主页

图 8-1 展示了音乐网站主页完成后的效果。完整代码请参见 code/08/demo。

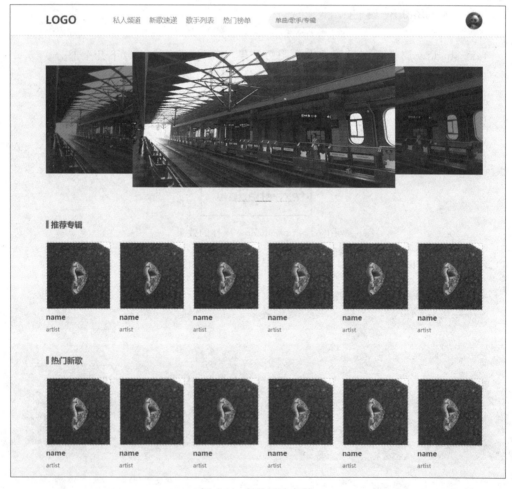

图 8-1　音乐网站主页

8.1.1　页面框架

如图 8-2 所示,页面分为以下三个部分。

(1) 顶部导航区(header)。

(2) 内容展示区(article)。

(3) 底部导航区(footer)。

```
顶部导航区

内容展示区
底部导航区
```

图 8-2　页面框架

示例代码如下。

```html
<!--code/08/01/index.html -->
<body>
  <header>
    <div class="container">顶部导航区</div>
  </header>
  <article class="container">内容展示区</article>
  <footer>
    <div class="container">底部导航区</div>
  </footer>
</body>
```

```css
/* code/08/01/style.css */
body {
  /* 覆盖默认外边距 */
  margin: 0;
  /* 设置页面整体背景色 */
  background-color: #F5F5F5;
}

header {
  /* 设置高度 */
  height: 70px;
  background-color: #FFF;
```

```
   /* 设置底部灰色边框 */
   border-bottom: solid 1px #E2E2E2;
}


.container {
   /* 设置内容区域的宽度 */
   width: 1000px;
   /* 在容器宽度超过 1000px 时,横向居中 */
   margin: 0 auto;
}


footer {
   /* 设置高度 */
   height: 100px;
   background-color: #EEE;
   /* 设置顶部灰色边框 */
   border-top: solid 1px #E2E2E2;
}
```

目前,页面的基本结构已经完成,但还存在一个问题:当浏览器显示区域比较高时,底部导航区并不在页面的底部。

可以使用下面的布局让底部导航区始终在页面的最底部。

```
<!--code/08/02/index.html -->
<body>
  <header>
    <div class="container">顶部导航区</div>
  </header>
  <article class="container">内容展示区</article>
  <footer>
    <div class="container">底部导航区</div>
  </footer>
</body>
```

```
html {
   /* 纵向填满浏览器 */
   height: 100% ;
}
body {
   /* 填满浏览器高度 */
   min-height: 100% ;
```

```css
  /* 覆盖默认外边距 */
  margin: 0;
  /* 设置页面整体背景色 */
  background-color: #F5F5F5;
  /* 作为 footer 的定位容器 */
  position: relative;
}
header {
  /* 设置高度 */
  height: 70px;
  background-color: #FFF;
  /* 设置底部灰色边框 */
  border-bottom: solid 1px #E2E2E2;
}

.container {
  /* 设置内容区域的宽度 */
  width: 1000px;
  /* 当容器宽度超过 1000px 时,横向居中 */
  margin: 0 auto;
}

article {
  /* 底部预留 footer 的空间 */
  padding-bottom: 101px;
}

footer {
  /* 横向填满浏览器 */
  width: 100%;
  /* 设置高度 */
  height: 100px;
  background-color: #EEE;
  /* 设置顶部灰色边框 */
  border-top: solid 1px #E2E2E2;

  /* 相对于 body 定位 */
  position: absolute;
  bottom: 0;
}
```

如图 8-3 所示，在布局调整后，当网页高度小于浏览器的显示高度时，底部导航区会固定在页面的最底部；当网页高度大于浏览器的显示高度时，底部导航区会跟随页面正常滚动。

图 8-3　footer 始终在浏览器页面的最底部

8.1.2　网格布局

网格布局类似于表格，可以将内容放在独立的模块中，并按照一定顺序组成不同的行和列。图 8-4 展示了网格布局的效果。

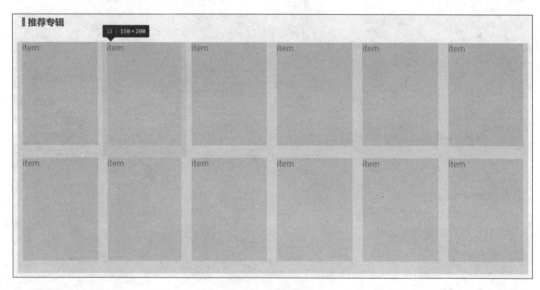

图 8-4　网格布局

示例代码如下。

```html
<!--code/08/03/index.html -->
<article class="container">
  <section class="album">
    <h2>推荐专辑</h2>
    <ul class="album-list">
      <li>item</li>
      <li>item</li>
      <li>item</li>
      <li>item</li>
      <li>item</li>
      <li>item</li>
      <li>item</li>
      <li>item</li>
      <li>item</li>
      <li>item</li>
      <li>item</li>
    </ul>
  </section>
</article>
```

```css
/* code/08/03/style.css */
/* 网格容器 */
.album-list {
  /* 重置 ul 元素的样式 */
  list-style-type: none;
  /* 左右各 -10px,用于隐藏两侧模块多余的 10px 外边距 */
  margin: 0 -10px;
  padding: 0;
}
/* 清除浮动 */
.album-list:after {
  content: "";
  display: block;
  width: 100% ;
  height: 0;
  clear: both;
}
/* 模块样式 */
.album-list li {
  width: 150px;
  height: 200px;
  margin: 0 10px 24px;
```

```
    /* 统一向左浮动 */
    float: left;
}
/* 设置标题样式 */
section.album h2 {
    font-size: 18px;
    line-height: 30px;
    color: #404040;
    padding-left: 12px;
    position: relative;
    margin: 24px 0;
}
/* 标题左侧的色块 */
section.album h2:after {
    content: "";
    width: 6px;
    height: 18px;
    background-color: #DF2E43;
    position: absolute;
    left: 0;
    top: 6px;
}
```

注意：表格不应该用来进行页面布局，它只适合呈现表格类型的数据。基于 CSS 的网格布局更加灵活，可以方便地调整模块尺寸、排列顺序及行列数量。

8.2　元素的呈现方式

display 属性用于设置元素的呈现方式。在 HTML 中，每种元素都有默认的呈现方式。

```
#target {
    display: block;
}
```

常见的呈现方式有以下几种。

1. block

呈现为块级元素。该元素独占一行，并横向填充整个父元素，其默认高度为内容所占的总高度。

2．inline-block

呈现为行内块级元素。与块级元素的不同之处是行内块级元素不独占一行，其默认宽度为内容所占的总宽度。

3．flex

类似于块级元素，但内部的元素按照弹性盒模型规则排列。

4．inline-flex

类似于行内块级元素，但内部的元素按照弹性盒模型规则排列。

5．inline

呈现为行内元素。表现上类似于行内块级元素，但无法使用 width 属性和 height 属性指定宽度和高度。

6．none

元素不会呈现在网页中，也不会占据任何空间。

如图 8-5 所示，当设置多个相邻元素为 inline-block 时，元素之间以及元素与容器之间会出现预料之外的空白。

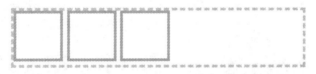

图 8-5　inline-block 元素之间的空白

示例代码如下。

```
<!--code/08/04/index.html -->
<div class="row">
  <div class="item"></div>
  <div class="item"></div>
  <div class="item"></div>
</div>
```

```
/* code/08/04/style.css */
.row {
  border: dashed 3px #CCC;
  margin: 20px 0;
}
.item {
```

```
    display: inline-block;
    width: 50px;
    height: 50px;
    border: solid 3px #AAF;
}
```

这些意料之外的空白来自于 HTML 代码中的空白符(空格与换行符)。可以使用以下两种方法去除这些空白,图 8-6 展示了去除元素之间空白后的效果。

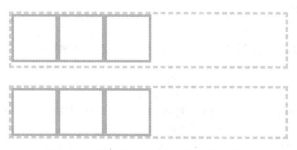

图 8-6   去除 inline-block 元素之间的空白

示例代码如下。

```
<!--code/08/04/index.html -->
<!--方法一: 去除 HTML 代码中的空白符 -->
<div class="row"><div class="item"></div><div class="item"></div><div
class="item"></div></div>
```

```
/* code/08/04/style.css */
/*方法二:
*设置父元素的 font-size 为 0,
*然后在子元素中重新设置 font-size
*/
.row.font-size {
  font-size: 0;
}
.row.font-size >.item {
  font-size: 1rem;
}
```

方法一可以去除元素之间的空白,但不能去除元素和容器之间的空白,而且该方法会将 HTML 代码变得不可读。因此,推荐使用方法二去除 inline-block 元素之间的空白。

8.3   盒子的组成

图 8-7 展示了一个完整的盒模型。

图 8-7　盒模型

示例代码如下。

```
<!--code/08/05/index.html -->
<div class="box">盒模型</div>
<div class="box box-border-box">盒模型</div>
```

```
/* code/08/05/style.css */
.box {
  display: inline-block;
  width: 100px;
  height: 60px;
  margin: 20px;
  border: solid 5px #AAF;
  padding: 10px;
  background-color: #E5E5E5;
}
```

盒模型所代表的矩形区域由以下四个部分组成。

（1）内容区域（content area）：矩形中包含其他内容（文本或其他元素）的区域，其边缘称为内容边缘（content edge）。

（2）内边距区域（padding area）：从内容边缘到内边距边缘（padding edge）的区域。

（3）边框区域（border area）：从内边距边缘到边框边缘（border edge）的区域。

（4）外边距区域（margin area）：从边框边缘到外边距边缘（margin edge）的区域。

如图 8-8 所示，当鼠标焦点位于开发者工具中的特定元素时，浏览器会使用不同颜色标记不同区域，并在元素周围使用气泡展示该元素的选择器及盒子边框区域的尺寸（宽度×高度）。

当选中该元素时，样式面板的底部会通过图形展示出盒模型各部分的具体数值，如图 8-9 所示。

图 8-8　浏览器遮罩

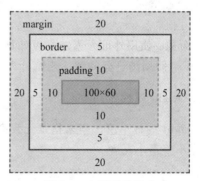

图 8-9　盒模型的尺寸

8.4 宽度和高度

1. width 属性

width 用于指定元素的宽度。

```
#target {
  width: 100px;
}
```

可用的属性值如下。

（1）尺寸值。

（2）百分数：使用外部元素的宽度计算。

（3）auto：使用浏览器的默认规则计算宽度（默认值）。

2. min-width 属性

设置 width 的最小值。当未指定元素宽度或宽度为相对值（如百分数）时，实际表现的宽度不会小于最小宽度。

3. max-width 属性

设置 width 的最大值。当未指定元素宽度或宽度为相对值（如百分数）时，实际表现的宽度不会大于最大宽度。

4. height 属性

height 用于指定元素的高度。

```
#target {
  height: 100px;
}
```

可用的属性值如下。

（1）尺寸值。

（2）百分数：使用外部元素的高度计算。

（3）auto：使用浏览器的默认规则计算高度（默认值）。

5. min-height 属性

设置 height 的最小值。当未指定元素高度或高度为相对值（如百分数）时，实际表现的高度不会小于最小高度。

6．max-height 属性

设置 height 的最大值。当未指定元素高度或高度为相对值（如百分数）时，实际表现的高度不会大于最大高度。

8.5　内边距

padding 属性是下列四个属性的简写属性。

（1）padding-top。

（2）padding-right。

（3）padding-bottom。

（4）padding-left。

这四个属性可以分别设置四个方向上的内边距，可用的属性值如下。

（1）尺寸值。

（2）百分数。

需要特别注意的是，当使用百分数作为 padding 属性值时，四个方向的值都根据外部元素的 width 值进行计算。

padding 可以有以下多种值的组合。

（1）a b c d：分别设置 top right bottom left。

（2）a b c：分别设置 top right/left bottom。

（3）a b：分别设置 top/bottom right/left。

（4）a：同时设置 top right bottom left。

border-width、border-style 等属性也可以使用不同值的组合分别声明不同方向的属性值。

8.6　边框

1．border-width 属性

border-width 属性用于设置边框宽度，它是下列四个属性的简写属性。

（1）border-top-width。

（2）border-right-width。

（3）border-bottom-width。

（4）border-left-width。

可用的属性值和值的组合与 padding 属性相同。

2．border-style 属性

border-style 属性用于设置边框效果，它是下列四个属性的简写属性。

（1）border-top-style。

（2）border-right-style。

（3）border-bottom-style。

（4）border-left-style。

可用的属性值如下。

（1）dotted：由点组成的虚线。

（2）dashed：由短线组成的虚线。

（3）solid：实线。

（4）double：双实线。

（5）groove：雕刻效果。

（6）ridge：浮雕效果。

（7）inset：凹陷效果。

（8）outset：凸出效果。

（9）hidden/none：没有边框。

值的组合与 padding 属性相同。

图 8-10 展示了 border-style 属性的不同属性值及效果。

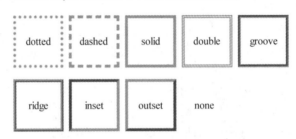

图 8-10　border-style 属性的不同属性值及效果

示例代码如下。

```
<!--de/08/06/index.html -->
<div class="box box-dotted">dotted</div>
<div class="box box-dashed">dashed</div>
<div class="box box-solid">solid</div>
<div class="box box-double">double</div>
<div class="box box-groove">groove</div>
<div class="box box-ridge">ridge</div>
<div class="box box-inset">inset</div>
<div class="box box-outset">outset</div>
<div class="box box-none">none</div>
```

```
/* code/08/06/style.css */
.box {
  width: 80px;
  height: 80px;
  float: left;
  margin: 10px 5px;
  /* 文本横向纵向居中 */
  text-align: center;
  line-height: 80px;
  /* 使元素纵向对齐 */
  vertical-align: middle;
  border-width: 5px;
  border-color: #999;
}

.box-dotted {
  border-style: dotted;
}
.box-dashed {
  border-style: dashed;
}
.box-solid {
  border-style: solid;
}
.box-double {
  border-style: double;
}

.box-groove {
  border-style: groove;
}
```

3. border-color 属性

border-color 属性用于设置边框颜色,它是下列四个属性的简写属性。

(1) border-top-color。

(2) border-right-color。

(3) border-bottom-color。

(4) border-left-color。

可用的属性值为颜色值,值的组合与 padding 相同。

4. border 属性

border 属性是下列三个属性的简写属性。

（1）border-width。

（2）border-style。

（3）border-color。

```
#target {
  border: solid 1px #CCC;
}
```

可用的属性值及值的组合与其他几个 border 属性相同。

5．边框三角形

相邻的两个边框以斜角连接。可以通过调整边框宽度改变斜角的角度，也可以通过调整元素的宽度和高度得到不同尺寸的梯形或三角形。

图 8-11 展示了使用边框组合出的不同图形。

图 8-11　使用边框组合出的不同图形

示例代码如下。

```
<!--code/08/07/index.html -->
<div class="box box-a">A</div>
<div class="box box-b">B</div>
<div class="box box-c">C</div>
<div class="box box-d"></div>
<div class="box box-e"></div>

/* code/08/07/style.css */
.box {
  display: inline-block;
  /* 文本横向纵向居中 */
  text-align: center;
  line-height: 40px;
  /* 使元素纵向对齐 */
  vertical-align: middle;
  width: 40px;
```

```
  height: 40px;
  /* 设置边框及四边的颜色 */
  border: solid 20px #999;
  border-right-color: #FAA;
  border-bottom-color: #AFA;
  border-left-color: #AAF;
}

.box-b {
  /* 调整 box B 的宽度 */
  width: 80px;
}
.box-c {
  /* 调整 box C 的边框宽度 */
  border-width: 20px 40px;
}
.box-d {
  width: 0;
}
.box-e {
  width: 0;
  /* 仅为上边框设置颜色 */
  border-color: transparent;
  border-top-color: #999;
}
```

利用相邻边框以斜角连接的特性,可以组合出许多不同的图形。

8.7 外边距

1. margin 属性

margin 属性是下列四个属性的简写属性。

(1) margin-top。

(2) margin-right。

(3) margin-bottom。

(4) margin-left。

可用的属性值及值的组合与 padding 属性相同。

2. 外边距合并

在部分情况下,元素的上下外边距会发生合并(margin collapsing)。

(1) 相邻元素的上下外边距。

（2）第一个和最后一个子元素与父元素的上下外边距。

图 8-12 展示了四处外边距合并的示例。

```
A
```

```
B
```

```
C-1
```

```
C-2
```

图 8-12　外边距合并

（1）A 的下外边距和 B 的上外边距。

（2）C 的上外边距和 C-1 的上外边距。

（3）C-1 的下外边距和 C-2 的上外边距。

（4）C-2 的下外边距和 C 的下外边距。

示例代码如下：

```html
<!--code/08/08/index.html -->
<div class="box-a">A</div>
<div class="box-b">B</div>
<hr>
<div class="box-c">
  <div>C-1</div>
  <div>C-2</div>
</div>
```

```css
/* code/08/08/style.css */
.box-a,
.box-b,
.box-c div {
  height: 40px;
  line-height: 40px;
  padding: 0 10px;
  border: solid 1px #CCC;
  margin: 20px 0;
}
```

```
.box-c {
  margin: 10px 0;
}
```

3．-margin 与等间距网格

8.1.2 节的网格布局中包含以下代码。

```
/* code/08/03/style.css */
.container {
  width: 1000px;
}
.album-list {
  margin: 0 -10px;
}
.album-list li {
  width: 150px;
  height: 200px;
  margin: 0 10px 24px;
}
```

由于网格中每个模块的宽度为 150px，加上左右各 10px 的外边距，每个模块的总宽度为 170px，外部元素的总宽度为 1000px，因此一行无法放下 6 个模块（170×6＝1020）。

如图 8-13 所示，这里为容器添加了左右宽度各为－10px 的外边距，使其横向可以容纳宽度为 1020px 的内容，又恰好能够"隐藏"最左和最右两个模块多余的宽度为 10px 的外边距。

图 8-13 网格布局

8.8　尺寸计算

box-sizing 属性用于设置元素盒子尺寸的计算方式，可用的属性值如下。

（1）content-box：以内容区域的宽度和高度作为 width 和 height（默认值）。

（2）border-box：以边框区域的宽度和高度作为 width 和 height。

图 8-14 展示了 box-sizing 对盒模型尺寸计算的影响。

图 8-14　盒模型的尺寸计算

示例代码如下。

```
<!--code/08/05/index.html -->
<div class="box">盒模型</div>
<div class="box box-border-box">盒模型</div>
```

```
/* code/08/05/style.css */
.box {
  display: inline-block;
  width: 100px;
  height: 60px;
  margin: 20px;
  border: solid 5px #AAF;
  padding: 10px;
  background-color: #E5E5E5;
}

.box-border-box {
  box-sizing: border-box;
}
```

8.9　内容溢出

图 8-15 展示了 overflow 属性对内容溢出的影响。

图 8-15 内容溢出

示例代码如下。

```html
<!--code/08/09/index.html -->
<div class="box">
  <p>visible</p>
  <p>bottom</p>
</div>
<div class="box overflow-hidden">
  <p>hidden</p>
  <p>bottom</p>
</div>
<div class="box overflow-scroll">
  <p>scroll</p>
  <p>bottom</p>
</div>
<div class="box overflow-auto">
  <p>auto</p>
  <p>bottom</p>
</div>
```

```css
/* code/08/09/style.css */
.box {
  display: inline-block;
  width: 100px;
  height: 100px;
  border: solid 1px #CCC;
  vertical-align: middle;
  text-align: center;
}
.box p {
  margin: 0;
  font-size: 20px;
  line-height: 30px;
}
.box p:first-child {
  margin-bottom: 55px;
}
```

```
.overflow-hidden {
  overflow: hidden;
}/* code/08/09/style.css */
.overflow-scroll {
  overflow: scroll;
}
.overflow-auto {
  overflow: auto;
}
```

有关内容溢出的相关属性如下。

1. overflow-x 属性

overflow-x 属性用于设置当块级元素的内容在横向溢出时的处理方式,可用的属性值如下。
(1) visible:溢出部分可见(默认值)。
(2) hidden:溢出部分不可见。
(3) scroll:始终显示横向滚动条,无论内容是否溢出。
(4) auto:仅在内容溢出时才显示横向滚动条。

2. overflow-y 属性

与 overflow-x 属性类似,用于设置当块级元素的内容在纵向溢出时的处理方式。

3. overflow 属性

overflow 属性为以上两个属性的简写属性,用于同时设置两个方向上的溢出处理方式,可用的属性值与 overflow-x 属性相同。

第 9 章　弹性盒模型

弹性盒模型是一种专门针对界面布局优化的盒模型，可以灵活地改变每个模块（弹性子元素）的位置、排列顺序、尺寸和间距。

9.1　本章实例——弹性多列布局

图 9-1 展示了弹性多列布局。

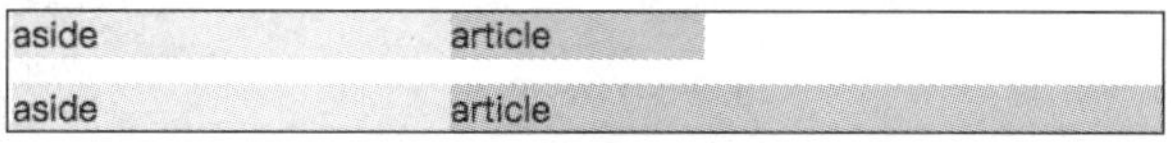

图 9-1　弹性多列布局

示例代码如下。

```html
<!--code/09/01/index.html -->
<section class="frame">
  <aside>aside</aside>
  <article>article</article>
</section>
```

```css
/* code/09/01/style.css */
.frame {
  display: flex;
}
.frame aside {
  /* 固定宽度 */
  width: 200px;
  background-color: #EEE;
}
.frame article {
  /* 填充剩余宽度 */
  flex: 1;
  background-color: #CCF;
}
```

在这个例子中，当调整浏览器宽度时，aside 元素的宽度始终为 200px，article 元素则填充容器中剩余的宽度。

9.2　相关概念

图 9-2 展示了弹性盒模型的相关概念。

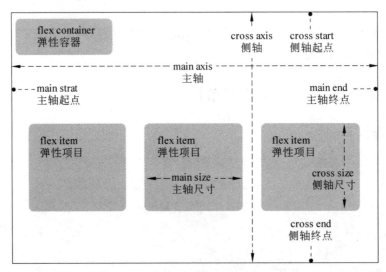

图 9-2　弹性盒模型的相关概念

1. 弹性容器

指弹性元素的容器，其 display 属性值为 flex 或 inline-flex。

2. 弹性子元素

弹性容器内的每个元素都是弹性子元素。

3. 轴

弹性容器依据两个方向排列子元素。子元素沿主轴排列，与主轴垂直的轴称为侧轴。

4. 方向

弹性容器的主轴起点、主轴终点、侧轴起点、侧轴终点四个位置分别代表弹性子元素排列的起始和结束位置。

5. 行

弹性子元素可以排列在单行或多行中。

6. 尺寸

在弹性子元素的宽度和高度两个值中，平行于主轴的称为主轴尺寸，平行于侧轴的称为侧轴尺寸。

9.3 弹性容器相关属性

1. display 属性

display：flex；和 display：inline-flex；分别将元素设置为块级和行内弹性容器。

```
#target {
  display: flex;
}
```

2. flex-direction 属性

flex-direction 属性用于设置弹性容器主轴的方向。

```
#target {
  flex-direction: colum;
}
```

可用的属性值如下。

（1）row：当 dir 属性值为 ltr 时，主轴方向为从左到右；为 rtl 时，主轴方向为从右到左。

（2）row-reverse：与 row 代表的方向相反。

（3）column：从上到下。

（4）column-reverse：从下到上。

3. flex-wrap 属性

flex-wrap 属于用于设置弹性子元素是否显示为多行。

```
#target {
  flex-wrap: wrap;
}
```

可用的属性值如下。

（1）nowrap：显示为单行。

（2）wrap：显示为多行（当子元素溢出时，会另起一行排列）。

（3）wrap-reverse：与 wrap 的排列顺序相反。

4. flex-flow 属性

flex-flow 属性为 flex-direction 属性和 flex-wrap 属性的简写属性。

```
#target {
  flex-flow: row wrap;
}
```

5. justify-content 属性

justify-content 属性用于设置弹性子元素在主轴方向上的排列方式,可用的属性值如下。

（1）flex-start：堆叠在主轴的起始位置（默认值）。

（2）center：堆叠在主轴的中心。

（3）flex-end：堆叠在主轴的结束位置。

（4）space-between：在主轴方向上均匀分布（相邻子元素的间距相等）。

（5）space-around：在主轴方向上均匀分布（相邻子元素的间距相等,首个子元素前和最后一个子元素后的间距只有一半）。

（6）space-evenly：每个子元素的前后间距相等。

注意：IE 和 Edge 浏览器不支持 space-evenly 效果。

图 9-3 展示了 justify-content 属性的不同属性值及效果。

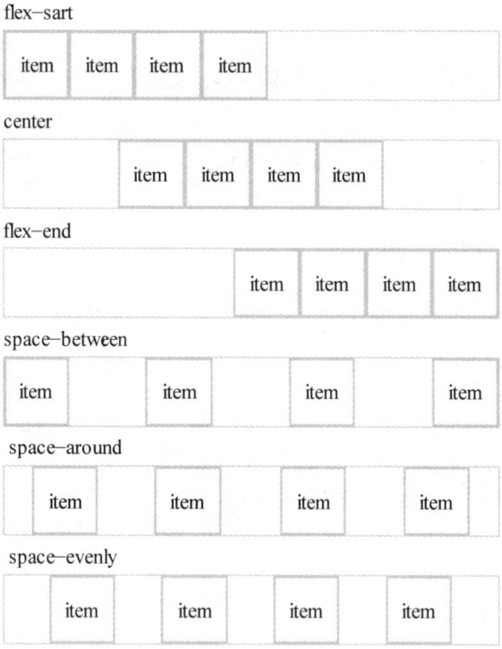

图 9-3　justify-content 属性的不同属性值及效果

示例代码如下。

```
<!--code/09/02/index.html -->
<section>
  <h2>flex-start</h2>
```

```
  <div class="box box-flex-start">
    <div class="item">item</div>
    <div class="item">item</div>
    <div class="item">item</div>
    <div class="item">item</div>
  </div>
</section>
<section>
  <h2>center</h2>
  <div class="box box-center">
    <div class="item">item</div>

  <div class="item">item</div>
    <div class="item">item</div>
    <div class="item">item</div>
  </div>
</section>
```

```
/* code/09/02/style.css */
section h2 {
  font-size: 16px;
  font-weight: normal;
  margin: 8px 0 4px;
}
.box {
  display: flex;
  border: solid 1px #CCC;
}
.box .item {
  width: 60px;
  height: 60px;
  font-size: 14px;
  line-height: 60px;
  text-align: center;
  border: solid 2px #CCF;
  box-sizing: border-box;
}

.box-flex-start {
  justify-content: flex-start;
}
.box-center {
  justify-content: center;
}
```

```
.box-flex-end {
  justify-content: flex-end;
}
.box-space-between {
  justify-content: space-between;
}
.box-space-around {
  justify-content: space-around;
}

.box-space-evenly {
  justify-content: space-evenly;
}
```

6. align-content 属性

align-content 属性用于设置弹性子元素在侧轴方向上的排列方式，可用的属性值与 justify-content 相同，但其作用于侧轴方向。

7. align-items 属性

align-items 属性用于设置弹性子元素在侧轴方向上的对齐方式，可用的属性值如下。

(1) flex-start：在侧轴开始方向对齐。

(2) flex-end：在侧轴结束方向对齐。

(3) center：在侧轴方向上居中对齐。

(4) stretch：在侧轴方向上两端对齐（默认值）。

图 9-4 展示了 align-items 属性的不同属性值及效果。

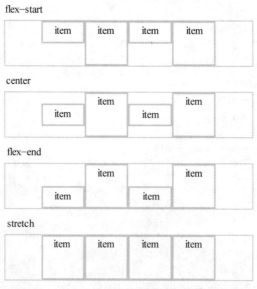

图 9-4　align-items 属性的不同属性值及效果

示例代码如下。

```html
<!--code/09/03/index.html -->
<section>
  <h2>flex-start</h2>
  <div class="box box-flex-start">
    <div class="item">item</div>
    <div class="item">item</div>
    <div class="item">item</div>
    <div class="item">item</div>
  </div>
</section>
<section>
  <h2>center</h2>
  <div class="box box-center">
    <div class="item">item</div>
    <div class="item">item</div>
    <div class="item">item</div>
    <div class="item">item</div>
  </div>
</section>
```

```css
/* code/09/03/style.css */
section h2 {
  font-size: 16px;
  font-weight: normal;
  margin: 8px 0 4px;
}
.box {
  display: flex;
  border: solid 1px #CCC;
  justify-content: center;
}
.box .item {
  width: 60px;
  height: 30px;
  font-size: 14px;
  text-align: center;
  border: solid 2px #CCF;
  box-sizing: border-box;
}
```

```
.box .item:nth-child(even) {
  min-height: 60px;
}


.box-flex-start {
  align-items: flex-start;
}
.box-center {
  align-items: center;
}
.box-flex-end {
  align-items: flex-end;
}
.box-stretch {
  align-items: stretch;
}
```

8. align-self 属性

类似于 align-items 属性，当指定了 align-self 属性（不为 auto）时，覆盖 align-items 属性。

```
#target {
  align-self: center;
}
```

9.4 弹性子元素相关属性

1. order 属性

order 属性用于设置弹性子元素的排列顺序，可用的属性值为数值（可以为负数，较小的值排在前面）。

图 9-5 展示了 order 属性对子元素顺序的影响。

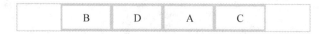

图 9-5 order 属性对子元素顺序的影响

示例代码如下。

```
<!--code/09/04/index.html -->
<div class="box">
  <div class="item item-a">A</div>
```

```
    <div class="item item-b">B</div>
    <div class="item item-c">C</div>
    <div class="item item-d">D</div>
</div>
```

```
/* code/09/04/style.css */
.box {
  display: flex;
  border: solid 1px #CCC;
  justify-content: center;
}
.box .item {
  width: 60px;
  height: 30px;
  font-size: 14px;
  text-align: center;
  border: solid 2px #CCF;
  box-sizing: border-box;
}

.item.item-a {
  order: 3;
}
.item.item-b {
  order: 1;
}
.item.item-c {
  order: 4;
}
.item.item-d {
  order: 2;
}
```

2. flex-grow 属性

flex-grow 属性用于设置弹性子元素的拉伸比例,可用的属性值为正整数(默认为 1)。

图 9-6 展示了 flex-grow 属性对子元素尺寸的影响。

图 9-6   flex-grow 属性对子元素尺寸的影响

示例代码如下。

```html
<!--code/09/05/index.html -->
<div class="box">
  <div class="item item-a">A</div>
  <div class="item item-b">B</div>
  <div class="item item-c">C</div>
  <div class="item item-d">D</div>
</div>
```

```css
/* code/09/05/style.css */
.box {
  display: flex;
  border: solid 1px #CCC;
  justify-content: center;
}
.box .item {
  flex-grow: 1;
  height: 30px;
  font-size: 14px;
  text-align: center;
  border: solid 2px #CCF;
  box-sizing: border-box;
}

.item.item-b {
  flex-grow: 2;
}
.item.item-c {
  flex-grow: 3;
}

.item.item-d {
  flex-grow: 4;
}
```

弹性容器轴方向上剩余的空间将按照比例 n/m 分配给 flex-grow 属性值不为 0 的子元素。

其中，n 为当前子元素的 flex-grow 属性的值，m 为所有元素的 flex-grow 属性值之和。

3. flex-shrink 属性

flex-shrink 属性用于设置弹性子元素的缩放比例，可用的属性值为数值（不小于 0，默认为 1）。

```
#target {
    flex-shrink: 0.5;
}
```

子元素只有在单行总尺寸超出容器时才会缩放。

4. flex-basis 属性

flex-basis 属性用于设置弹性子元素的默认尺寸。

```
#target {
    flex-basis: 50px;
}
```

可用的属性值如下。

（1）尺寸值。

（2）百分数（默认为 0%）。

该属性用于替代 width 属性或 height 属性（取决于轴的方向）。

5. flex 属性

flex 属性为 flex-grow 属性、flex-shrink 属性和 flex-basis 属性的简写属性。

```
#target {
    flex: 2 0.5 50px;
}
```

第 10 章　装饰性样式

除了用来布局的盒模型,CSS 还提供了用来装饰元素的背景、渐变、圆角等装饰性样式。

10.1　边框背景图

边框背景图属性用于替代 border 属性,可以为元素设置更加丰富的边框效果。

1. border-image-source 属性

border-image-source 属性用于设置边框背景所用图像的路径。

```
#target {
  border-image-source: url("./images/background.png");
}
```

如果未指定边框背景图,则使用边框颜色作为替代。

2. border-image-slice 属性

border-image-slice 属性用于设置边框背景图像的分割尺寸,如图 10-1 所示。

边框背景图像会被分割为四个角、四条边和中心共九个区域,该属性分别设置上、右、下、左四条边的分割尺寸。

可用的属性值如下。

(1) 数值:指定背景图四条边的分割尺寸(值的组合与 border-width 属性一致),单位为 px。

(2) 百分数:指定背景图四条边的分割百分比。

示例代码如下。

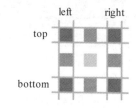

图 10-1　边框背景图将被划分为九个区域

```
#target {
  /* 边框背景图四条边的宽度都是 30px */
  border-image-slice: 30;
}
```

```
#target {
  /* 边框背景图的中间部分作为元素背景 */
  border-image-slice: 30 fill;
}
```

中间部分默认不会显示,但可以通过 fill 关键词指定使用图像的中间区域作为背景,如图 10-2 所示。

图 10-2　应用边框背景图

示例代码如下:

```
<!--code/10/01/index.html -->
<div class="box"></div>
```

```
/* code/10/01/style.css */
.box {
  width: 80px;
  height: 80px;
  border: solid 30px #CCC;
  border-image-source: url("./background.png");
  border-image-slice: 30 fill;
}
```

3. borde-image-width 属性

borde-image-width 属性用于设置边框的宽度。

```
#target {
  border-image-width: 30px;
}
```

如果未设置该属性,则使用元素 border-width 属性的当前值。

4. border-image-outset 属性

border-image-outset 属性用于设置边框背景图的向外扩展距离。

```
#target {
  border-image-outset: 10px;
}
```

5. border-image-repeat 属性

border-image-repeat 属性用于设置边框背景图的平铺方式,可用的属性值如下。

(1) stretch:拉伸背景图以填充边框(默认值)。

(2) repeat:平铺(裁切超出的部分)。

(3) round:平铺(可能会拉伸)。

(4) space:平铺(可能会留出间距)。

也可以同时设置两个值,分别作用于横向边框和纵向边框。

图 10-3 展示了边框背景图不同的平铺方式。

图 10-3　边框背景图不同的平铺方式

示例代码如下。

```html
<--!code/10/02/index.html -->
<div class="box box-stretch"></div>
<div class="box box-repeat"></div>
<div class="box box-round"></div>
<div class="box box-space"></div>
```

```css
/* code/10/02/style.css */
.box {
  display: inline-block;
  margin: 20px;
  width: 50px;
  height: 50px;
  border: solid 30px #CCC;
```

```
  border-image-source: url("./background.png");
  border-image-slice: 30 fill;
}

.box-stretch {
  border-image-repeat: stretch;
}
.box-repeat {
  border-image-repeat: repeat;
}
.box-round {
  border-image-repeat: round;
}
.box-space {
  border-image-repeat: space;
}
```

6. border-image 属性

border-image 属性为以上五个属性的简写属性。

```
#target {
  border-image: url("./background.png") 30px;
}
```

10.2 轮廓

outline 属性类似于 border 属性，用于设置元素的轮廓。与 border 属性不同的是，outline 属性并不占据任何空间，不会影响元素的尺寸计算。

1. outline 属性

outline 属性是下列三个属性的简写属性，每个属性与对应的 border 属性类似。

（1）outline-width。

（2）outline-color。

（3）outline-style。

注意：部分浏览器无法完整支持 outline-style 属性的不同属性值。

图 10-4 展示了轮廓效果。

示例代码如下。

图 10-4　轮廓效果

```
<!--code/10/03/index.html -->
<div class="box"></div>
```

```
/* code/10/03/style.css */
.box {
  margin: 20px;
  width: 50px;
  height: 50px;
  border: solid 10px #CCC;
  outline: dashed 3px #66F;
}
```

2. outline-offset 属性

outline-offset 属性用于指定轮廓的偏移值(相对于边框外边缘),可用的属性值为尺寸值(默认为 0)。

其中,正数为向外偏移,负数为向内偏移。

3. 保留轮廓

如图 10-5 所示,浏览器会为焦点所在的元素(链接、按钮和表单元素等)添加轮廓,用于在视觉上突出焦点所在的位置,这是网页可访问性[1]的基本要求之一。

如果去除焦点元素的轮廓效果,将会大大增加使用键盘操作网页的难度。

但是,默认的轮廓可能不够美观,而且存在无法贴合圆角边框等问题,因此可以考虑使用盒阴影作为替代(详情可参考 10.6 节)。

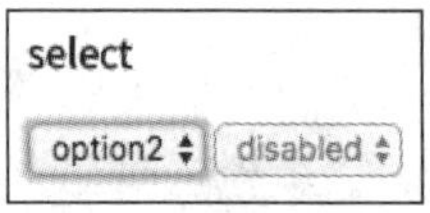

图 10-5　轮廓显示了焦点的位置

10.3　圆角

border-radius 属性用于设置元素的圆角半径,可用的属性值如下。

(1)尺寸值。

(2)百分数(根据相邻两边的长度计算圆角半径。当两边的长度不相等时,会变成椭圆角)。

图 10-6 展示了圆角效果。

图 10-6　圆角效果

_____

[1]　访问网址为 https://developer.mozilla.org/en-US/docs/learn/Accessibility。

示例代码如下。

```
<!--code/10/04/index.html -->
<div class="box box-a"></div>
<div class="box box-b"></div>
```

```
/* code/10/04/style.css */
.box {
  display: inline-block;
  margin: 10px;
  width: 100px;
  height: 100px;
  border: solid 5px #CCC;
  border-radius: 15px;
  vertical-align: middle;
}

.box-b {
  height: 50px;
  border-radius: 30%;
}
```

当使用百分数作为值时,需要注意相邻两边的长度。

类似于 margin、padding、border 等属性,border-radius 属性可以使用 1～4 个值指定不同方向的圆角半径,如:

(1) 4px:设置四个角的圆角半径为 4px。

(2) 4px 6px:设置左上角和右下角的圆角半径为 4px,右上角和左下角的圆角半径为 6px。

(3) 4px 6px 5px:设置左上角的圆角半径为 4px,右上角和左下角的圆角半径为 6px,右下角的圆角半径为 5px。

(4) 4px 6px 5px 3px:分别设置左上角、右上角、右下角、左下角的圆角半径为 4px、6px、5px、3px。

当然,也可以通过不同属性分别设置四个角的圆角半径,如:

(1) border-top-left-radius:左上角。

(2) border-top-right-radius:右上角。

(3) border-bottom-right-radius:右下角。

(4) border-bottom-left-radius:左下角。

如图 10-7 所示,可以使用圆角组合出许多不同的图形。

图 10-7 使用圆角组合出的不同图形

示例代码如下。

```html
<!--code/10/05/index.html -->
<div class="box box-a"></div>
  <div class="box box-b"></div>
  <div class="box box-c"></div>
  <div class="box box-d"></div>
```

```css
/* code/10/05/style.css */
.box {
  display: inline-block;
  margin: 10px;
  width: 60px;
  height: 60px;
  border: solid 5px #CCC;
  vertical-align: middle;
}

.box-a {
  /* 圆 */
  border-radius: 50%;
}
.box-b {
  /* 椭圆 */
  width: 40px;
  border-radius: 50%;
}
.box-c {
  /* 叶子 */
  border-radius: 70% 0;
}

.box-d {
  /* 聊天气泡 */
  width: 200px;
  border-radius: 35px;
  border-bottom-left-radius: 0;
}
```

border-radius 不仅会影响边框部分，还会影响整个元素的外形，如图 10-8 所示。

图 10-8　圆角

示例代码如下。

```
<!--code/10/06/index.html -->
<div class="box"></div>
```

```
/* code/10/06/style.css */
.box {
  width: 100px;
  height: 100px;
  background-color: #AAF;
  border-radius: 20%;
}
```

10.4　背景

背景属性用于设置元素的背景色或背景图像，以及背景图像的位置、平铺方式等规则。

1. background-image 属性

background-image 属性用于为元素设置一个或多个背景图像。

```
#target {
  background-image: url("./images/bg.png");
}
```

```
#target {
  background-image: url("./images/bg1.png"),
                    url("./images/bg2.png");
}
```

当为元素设置了多张背景图像时，位于前面的图像（bg1.png）会显示在上层。当背景图像不可用时，会应用背景色。背景色会填充未被背景图像覆盖的区域。

2. background-position 属性

background-position 属性用于指定背景图像的初始位置。

```
#target {
  background-position: center top;
}
```

可用的属性值如下。

（1）尺寸值。

（2）百分数。

（3）top：等同于纵向 0%。

（4）bottom：等同于纵向 100%。

（5）left：等同于横向 0%。

（6）right：等同于横向 100%。

（7）center：等同于横向或纵向 50%。

可以使用两个值，分别设置横向和纵向的位置，如

（1）0 0：左上角（默认值）。

（2）50% 0：横向居中，纵向居上（等同于 center top）。

（3）right bottom：右下角（等同于 100% 100% 或 bottom right）。

也可以使用单个关键词，另一个方向会使用默认值（center）：

（1）left：等同于 left center。

（2）bottom：等同于 bottom center。

3. background-size 属性

background-size 属性用于设置背景图像的尺寸。如果设置的尺寸与原始尺寸不同，则会对图像进行拉伸。可用的属性值如下。

（1）尺寸值（不能为负数）。

（2）百分数。

（3）auto：不缩放（默认值）。

（4）cover：缩放背景图以完全填充元素（图像多余的部分会被裁切）。

（5）contain：缩放背景图以完全显示（背景图可能无法覆盖全部区域）。

图 10-9 展示了 background-size 属性的不同属性值及效果。

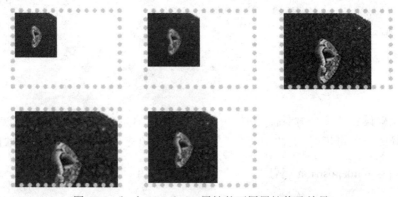

图 10-9　background-size 属性的不同属性值及效果

示例代码如下。

```
<!--code/10/07/index.html -->
<div class="box box-size"></div>
<div class="box box-percentage"></div>
<div class="box box-auto"></div>
<div class="box box-cover"></div>
<div class="box box-contain"></div>
```

```
/* code/10/07/style.css */
.box {
  display: inline-block;
  margin: 10px;
  width: 100px;
  height: 60px;
  padding: 10px;
  border: dotted 5px #CCC;
  vertical-align: middle;
  background-image: url("./image.jpg");
  background-repeat: no-repeat;
}

.box-size {
  background-size: 50px;
}
.box-percentage {
  background-size: 50%;
}
.box-cover {
  background-size: cover;
}
.box-contain {
  background-size: contain;
}
```

可以使用两个值分别设置横向和纵向的尺寸。

当只设置一个值时，另一个值为 auto(会使背景图按照原始的宽高比例呈现)。

4. background-repeat 属性

background-repeat 属性用于设置背景图像的平铺方式。

```
#target {
  background-repeat: repeat;
}
```

可用的属性值如下。

（1）repeat：平铺，覆盖整个背景区域（默认值，靠近边缘的图像可能会被裁切）。

（2）no-repeat：不平铺。

（3）repeat-x：横向平铺（等同于 repeat no-repeat）。

（4）repeat-y：纵向平铺（等同于 no-repeat repeat）。

（5）space：平铺（可能在图像之间添加空白，以防止靠近边缘的图像被裁切）。

（6）round：平铺（可能会压缩图像，以防止靠近边缘的图像被裁切）。

可以使用两个值分别设置横向和纵向的平铺方式。

5．background-attachment 属性

background-attachment 属性用于设置背景图像是否跟随页面或元素一起滚动。

```
#target {
  background-attachment: fixed;
}
```

可用的属性值如下。

（1）scroll：跟随页面滚动（在元素内的位置固定）。

（2）fixed：不跟随页面滚动（在浏览器文档区域内的位置固定）。

（3）local：跟随元素内容滚动（相对于元素内容的位置固定）。

6．background-origin 属性

background-origin 属性用于设置背景图像摆放的起点。

```
#target {
  background-attachment: border-box;
}
```

可用的属性值如下。

（1）padding-box：内边距区域左上角（默认值）。

（2）content-box：内容区域左上角。

（3）border-box：边框区域左上角。

7．background-clip 属性

background-clip 属性用于设置背景颜色及图像的显示范围，可用的属性值如下。

（1）border-box：边框区域（默认值，当边框颜色为透明或半透明时，背景图像才会呈现出来）。

（2）padding-box：内边距区域。

（3）content-box：内容区域。

（4）text：将背景叠加到文字上（仅显示文字部分）。

图 10-10 展示了 background-clip 属性的不同属性值及效果。

图 10-10　background-clip 属性的不同属性值及效果

示例代码如下。

```html
<!--code/10/08/index.html -->
<div class="box box-border-box"></div>
<div class="box box-padding-box"></div>
<div class="box box-content-box"></div>
<div class="box box-text">TEXT</div>
```

```css
/* code/10/08/style.css */
.box {
  display: inline-block;
  margin: 10px;
  width: 100px;
  height: 100px;
  padding: 10px;
  border: dotted 5px #CCC;
  vertical-align: middle;
  background-image: url("./image.jpg");
  background-size: cover;
}

.box-padding-box {
  background-clip: padding-box;
}
.box-content-box {
  background-clip: content-box;
}
```

```
.box-text {
  background-clip: text;
  -webkit-background-clip: text;
  font-size: 40px;
  font-weight: bold;
  text-align: center;
  line-height: 100px;
  color: transparent;
}
```

注意："background-clip：text；"存在较多的兼容性问题[①]，请谨慎使用。

8. background-color 属性

background-color 属性用于设置元素的背景颜色，可用的属性值为颜色值。

```
#target {
  background-color: #EEE;
}
```

多数元素没有默认背景色，即背景色是透明的。

9. background 属性

background 属性为以上几个属性的简写属性。

```
#target {
  background: url("./images/bg1.png") scroll no-repeat center;
}
```

10.5 渐变

渐变可以替代背景颜色和图像，可以应用到 background-image 属性或 border-image-source 属性中。

1. linear-gradient()函数

linear-gradient()函数用于创建线性渐变，如图 10-11 所示，该函数有以下两部分参数。

（1）轴的角度、目标边或角。该参数用于指定渐变轴的方向。

（2）一个或多个关键点。关键点由颜色值和尺寸值或百分数组成。

---

① 参考网址为 https://developer.mozilla.org/en-US/docs/Web/CSS/background-clip♯Browser_compatibility。

图 10-11　线性渐变

示例代码如下。

```html
<!--code/10/09/index.html -->
<div class="box"></div>
```

```css
/* code/10/09/style.css */
.box {
  width: 100px;
  height: 100px;
  background-image: linear-gradient(90deg, #99F, #FFF 50%, #F99);
}
```

2. repeating-linear-gradient()函数

repeating-linear-gradient()函数用于创建重复的线性渐变,其效果类似于 linear-gradient(),如图 10-12 所示,但渐变会沿轴的正反方向不断重复,以覆盖整个元素,其参数与线性渐变相同。

图 10-12　重复线性渐变

示例代码如下。

```html
<!--code/10/10/index.html -->
<div class="box"></div>
```

```css
/* code/10/10/style.css */
.box {
  width: 100px;
  height: 100px;
  background-image: repeating-linear-gradient(90deg, #99F, #FFF 25%);
}
```

3. radial-gradient()函数

radial-gradient()函数用于创建从原点辐射开的径向渐变,如图 10-13 所示,该函数有以下四部分参数。

(1) 中心位置,类似于 background-position 属性,用于指定渐变的中心位置(默认为元素中心)。

(2) 渐变形状,圆(circle)或椭圆(ellipse,默认值)。

(3) 渐变边缘的位置。

(4) 一个或多个关键点。

渐变边缘的位置有以下几个关键词。

(1) closest-side:渐变边缘与容器距离中心点最近的边相切。

(2) farthest-side:与 closest-side 相反,与容器距离中心点最远的边相切。

(3) closest-corner:渐变边缘与容器距离中心点最近的角相交。

(4) farthest-corner:与 closest-corner 相反,与容器距离中心点最远的角相交。

示例代码如下。

```
<!--code/10/11/index.html -->
<div class="box"></div>
```

```
/* code/10/11/style.css */
.box {
  width: 100px;
  height: 100px;
  background-image: radial-gradient(circle farthest-side, #FFF, #99F);
}
```

4. repeating-radial-gradient()函数

repeating-radial-gradient()函数用于创建重复的径向渐变,其效果类似于 radial-gradient()函数,但渐变会沿辐射轴的正反方向不断重复,以覆盖整个元素,其参数与径向渐变相同,如图 10-14 所示。

图 10-13　径向渐变

图 10-14　重复径向渐变

示例代码如下。

```
<!--code/10/12/index.html -->
<div class="box"></div>
```

```
/* code/10/12/style.css */
.box {
  width: 100px;
  height: 100px;
  background-image: repeating-radial-gradient(circle farthest-side, #FFF, #
  99F 40%);
}
```

10.6 盒阴影

box-shadow 属性用于设置元素的阴影效果,其属性值由多个部分组成。

(1) 2~4 个尺寸值:分别代表阴影横向偏移(向右为正)、纵向偏移(向下为正)、模糊尺寸和扩展尺寸。

(2) inset:是否为内阴影(可选)。

(3) 颜色值:阴影颜色(可选,默认为当前的 color 值)。

图 10-15 展示了盒阴影效果。

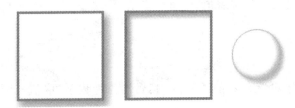

图 10-15 盒阴影效果

示例代码如下。

```
<!--code/10/13/index.html -->
<div class="box box-a"></div>
<div class="box box-b"></div>
<div class="box box-c"></div>
```

```
/* code/10/13/style.css */
.box {
  display: inline-block;
  margin: 10px;
  width: 100px;
  height: 100px;
```

```
    border: solid 3px #999;
    vertical-align: middle;
}


.box-a {
    box-shadow: 4px 6px 12px rgba(0, 0, 0, 0.3);
}
.box-b {
    box-shadow: 4px 4px 6px rgba(0, 0, 0, 0.3) inset;
}
.box-c {
    width: 60px;
    height: 60px;
    border-radius: 50%;
    box-sizing: border-box;
    border: solid 1px rgba(0, 0, 0, 0.2);

    box-shadow: 3px 3px 6px rgba(0, 0, 0, 0.2),
                -3px -3px 6px rgba(0, 0, 0, 0.2) inset,
                3px 3px 8px rgba(255, 255, 255, 0.4) inset;
}
```

box-shadow 属性可以有多组值，会呈现多重阴影。

10.7 透明度

opacity 属性用于设置元素的透明度，其属性值为数字（取值范围为 0～1,0 为全透明，1 为不透明）。

图 10-16 展示了透明度效果。

图 10-16 透明度效果

示例代码如下。

```
<!--code/10/14/index.html -->
<div class="box">
  <div>content</div>
</div>
```

```
/* code/10/14/style.css */
.box {
  width: 100px;
  height: 100px;
  border: solid 3px #999;
  background-color: #CCC;

  position: relative;
}

.box div {
  width: 100%;
  height: 100%;
  position: absolute;
  left: 30px;
  top: 30px;
  border: solid 3px #999;
  background-color: #FFF;
  font-size: 24px;
  line-height: 100px;
  text-align: center;
  color: 333;
  opacity: 0.4;
}
```

opacity 属性会影响整个元素及所有子元素。

第 11 章 定 位

正常情况下,网页中的元素会按照从左到右、从上到下的顺序依次排列。正常布局的元素位置是由其左侧或顶部的其他元素的尺寸所决定的。

本章将介绍几种不同的元素定位方式,以及几种常见的应用场景。

11.1 相关属性

11.1.1 position 属性

position 属性用于设置元素的定位方式,可用的属性值如下。

1. static

正常定位(默认值)。

2. relative

相对定位。类似于 static,但可以使用 top/bottom/left/right 属性调整元素的相对位置(仍会占据原始位置)。

3. absolute

相对于首个 position 属性值不等于 static 的外部元素定位。可以使用 top、bottom、left、right 属性调整元素的相对位置,而且不占据外部定位元素中的空间。

4. fixed

相对于浏览器的内容显示区域定位。可以使用 top、bottom、left、right 属性调整元素的相对位置,而且不占据外部元素中的空间。

5. sticky

粘性定位。当外部定位元素位于浏览器内容显示区域内,且该元素不靠近浏览器边缘时,效果类似于 static;当外部定位元素位于浏览器内容显示区域内,且该元素靠近浏览器边缘时,效果类似于 fixed;当外部元素位于浏览器内容显示区域之外时,该元素不再显示。

注意:粘性定位存在较多的兼容性问题[①],请谨慎使用。

---

① 参考网址为 https://caniuse.com/ # search＝sticky。

图 11-1 展示了不同定位方式对元素位置的影响。

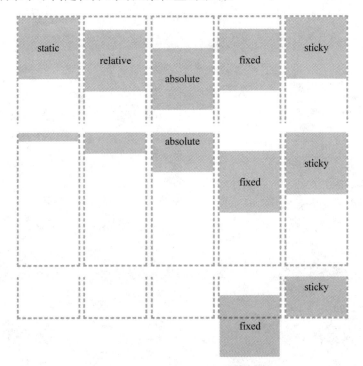

图 11-1 不同定位方式对元素位置的影响

示例代码如下。

```html
<!--code/11/01/index.html -->
<div class="row">
  <div class="item item-static">
    <div>static</div>
  </div>
  <div class="item item-relative">
  <div>relative</div>
  </div>
  <div class="item item-absolute">
    <div>absolute</div>
  </div>
  <div class="item item-fixed">
    <div>fixed</div>
  </div>
  <div class="item item-sticky">
    <div>sticky</div>
  </div>
```

```
<!--code/11/01/index.html -->
</div>
<div class="scroll" style="height: 3000px;"></div>
```

```
/* code/11/01/style.css */
.item {
  display: inline-block;
  width: 100px;
  height: 300px;
  border: dashed 3px #AAF;
  vertical-align: top;
  position: relative;
}
.item div {
  width: 100px;
  height: 100px;
  text-align: center;
  line-height: 100px;
  background-color: rgba(0, 0, 0, 0.2);
}

.item-relative div {
  position: relative;
  top: 20px;
}
.item-absolute div {
  position: absolute;
  top: 50px;
}
.item-fixed div {
  position: fixed;
  top: 30px;
}
.item-sticky div {
  position: sticky;
  top: 0;
}
```

11.1.2 top、bottom、left、right 属性

top、bottom、left、right 四个属性分别用于设置元素与其外部定位元素的上、下、左、右位置偏移（相对于边框边缘），该属性对于非定位（position 属性值为 static）元素无效，

可用的属性值如下。

（1）尺寸值。

（2）百分数。

（3）auto：自动计算（默认值）。

11.1.3　z-index 属性

z-index 属性用于设置定位元素的层级。当多个元素重叠在一起时，层级高的元素显示在上层，层级低的元素会被覆盖。可用的属性值如下。

（1）整数。

（2）auto：自动计算（默认值）。

图 11-2 展示了 z-index 属性及元素位置对层级的影响。

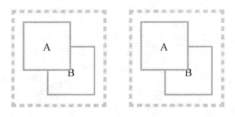

图 11-2　z-index 属性与元素层级

示例代码如下。

```html
<!--code/11/02/index.html -->
<div class="box box-z-index">
  <div class="item-a">A</div>
  <div class="item-b">B</div>
</div>
```

```html
<div class="box">
<!--不使用 z-index,依赖元素的前后位置实现 -->
  <div class="item-b">B</div>
  <div class="item-a">A</div>
</div>

/* code/11/02/style.css */
.box {
  display: inline-block;
  margin: 10px;
  width: 100px;
  height: 100px;
```

```
  border: dashed 3px #CCC;
  /* 子元素相对于该元素定位 */
  position: relative;
}
.box div {
  width: 50px;
  height: 50px;
  border: solid 2px #AAF;
  background-color: #FFF;
  font-size: 20px;
  line-height: 50px;
  text-align: center;
  position: absolute;
  left: 10px;
  top: 10px;
}
.box .item-b {
  /* 重置 left/top 属性 */
  left: auto;
  top: auto;
  right: 10px;
  bottom: 10px;
}

.box-z-index > .item-a {
  z-index: 1;
}
```

应当尽量减少 z-index 属性的使用,依赖元素在 HTML 中的位置(z-index 属性自动计算)也可以实现同样的效果。

11.2 应用场景

11.2.1 Tooltip 组件

图 11-3 展示了 Tooltip 组件。

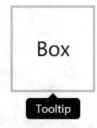

图 11-3 Tooltip 组件

示例代码如下。

```html
<!--code/11/03/index.html -->
<div class="box">
  <span>Box</span>
  <div class="tooltip">Tooltip</div>
</div>
```

```css
/* code/11/03/style.css */
.tooltip {
  width: auto;
  height: auto;
  padding: 4px 12px;
  background-color: #000;
  border-radius: 5px;
  font-size: 13px;
  line-height: 18px;
  color: #FFF;

.box {
  width: 100px;
  height: 100px;
  border: solid 3px #CCC;
  /* .tooltip 相对于该元素定位 */
  position: relative;
  font-size: 24px;
  line-height: 100px;
  text-align: center;
}

/* 位于.box底部,横向居中对齐 */
position: absolute;
  top: 100%;
  left: 50%;
  transform: translate(-50%, 10px);
  /* 默认隐藏 */
  display: none;
}
/* 在鼠标经过.box时显示 */
.box:hover .tooltip {
  display: block;
}
/* 为 tooltip 添加三角形箭头 */
```

```
.tooltip:after {
  content: "";
  display: block;
  width: 0;
  height: 0;
  border: solid 6px transparent;
  border-bottom-color: #000;
  /* 位于.tooltip顶部,横向居中对齐 */
  position: absolute;
  bottom: 100%;
  left: 50%;
  transform: translateX(-50%);
}
```

该实例使用 transform 属性调整元素的位置,详细介绍可以参考第 13 章。

11.2.2　Dropdown 组件

图 11-4 展示了 Dropdown 组件。

图 11-4　Dropdown 组件

示例代码如下。

```
<!--code/11/04/index.html -->
<div class="dropdown">
  <button>Dropdown</button>
  <ul class="menu">
    <li>item-1</li>
    <li>item-2</li>
    <li>item-3</li>
    <li>item-4</li>
  </ul>
</div>
```

```
/* code/11/04/style.css */
```

```css
.dropdown {
  display: inline-block;
  position: relative;
}

.menu {
  /* 清除列表默认样式 */
  list-style-type: none;
  margin: 0;
  padding: 0;
  min-width: 120px;
  border: solid 1px #E5E5E5;
  background-color: #FFF;
  box-shadow: 0 4px 12px rgba(0, 0, 0, 0.3);
  /* 相对于.dropdown定位 */
  position: absolute;
  left: 0;
  top: 100%;
  /* 默认隐藏 */
  display: none;
}
/* 在鼠标经过.dropdown时显示 */
.dropdown:hover .menu {
  display: block;
}

.menu li {
  padding: 6px 12px;
  border-bottom: solid 1px #E5E5E5;
  font-size: 14px;
  line-height: 20px;
  cursor: default;
  user-select: none;
}
.menu li:last-child {
  border-bottom: none;
}
.menu li:hover {
  background-color: #EEE;
}
```

该实例使用了列表相关的属性，详细介绍可以参考 17.2 节。

11.2.3 Dialog 组件

图 11-5 展示了 Dialog 组件。

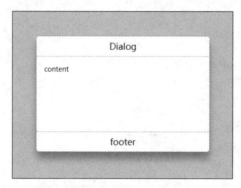

图 11-5 Dialog 组件

示例代码如下。

```html
<!--code/11/05/index.html -->
<div class="dialog-mask">
  <div class="dialog">
    <div class="header">Dialog</div>
    <div class="content">content</div>
    <div class="footer">footer</div>
  </div>
</div>
```

```css
/* code/11/05/style.css */
.dialog-mask {
  /* 全屏遮罩 */
  position: fixed;
  left: 0;
  top: 0;
  right: 0;
  bottom: 0;
  background-color: rgba(0, 0, 0, 0.2);
}

.dialog-mask .dialog {
  width: 360px;
  background-color: #FFF;
  border-radius: 5px;
  box-shadow: 0 0 4px rgba(0, 0, 0, 0.2),
              0 14px 24px rgba(0, 0, 0, 0.3);
```

```
    /* 相对于.dialog-mask定位,并位于正中间 */
    position: absolute;
    left: 50%;
    top: 50%;
    transform: translate(-50%, -50%);
}
.dialog .header {
    padding: 8px 16px;
    font-size: 18px;
    line-height: 24px;
    text-align: center;
    border-bottom: solid 1px #CCC;
}
.dialog .content {
    height: 120px;
    padding: 16px;
    font-size: 14px;
    line-height: 20px;
}
.dialog .footer {
    padding: 8px 16px;
    font-size: 18px;
    line-height: 24px;
    text-align: center;
    border-top: solid 1px #CCC;
}
```

第 12 章 浮　　动

使用浮动可以实现类似 Microsoft Word 中的图文混排效果，也可以实现多列布局和网格布局。

12.1　浮动的特征

float 用于设置元素浮动的方向，可用的属性值如下。

(1) left：向左浮动。

(2) right：向右浮动。

(3) none：不浮动(默认值)。

图 12-1 展示了浮动效果。

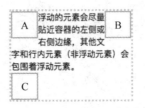

图 12-1　向左浮动和向右浮动

如图 12-2 所示，浮动元素会尽量贴近容器的左侧边缘或右侧边缘，其他文字和行内元素(非浮动元素)会包围着浮动元素。

当容器内有多个同方向的浮动元素时，位于前面的浮动元素会贴近容器边缘，后面的浮动元素会贴近其前面的浮动元素的边缘，如图 12-3 所示。

图 12-2　多个浮动元素　　　　　图 12-3　多行浮动元素

当多个浮动元素将要超出容器宽度时，下一个浮动元素会出现在容器的边缘或某个凸出的浮动元素的边缘(被卡住)。

如果没有给浮动元素指定宽度，则其宽度的计算规则与 display：inline-block；一样，会尽量缩小至内容的宽度。

示例代码如下。

```
<!--code/12/01/index.html -->
<div class="box box-1">
```

```
  <div class="item-a">A</div>
  <div class="item-b">B</div>
  <span>浮动元素会尽量贴近容器的左侧边缘或右侧边缘,其他文字和行内元素(非浮动元素)
会包围着浮动元素
  </span>
  <div class="item-c">C</div>
</div>
<div class="box box-2">
  <div class="item-a">A</div>
  <div class="item-b">B</div>
  <div class="item-c">C</div>
</div>
<div class="box box-3">
  <div class="item-a">A</div>
  <div class="item-b">B</div>
  <div class="item-c">C</div>
</div>
<div class="box box-4">
  <div class="item-a">A</div>
  <div class="item-b">B</div>
  <div class="item-c">C</div>
</div>
```

```css
/* code/12/01/style.css */
.box {
  display: inline-block;
  margin: 10px;
  width: 120px;
  border: dotted 3px #CCC;
  font-size: 14px;
  line-height: 20px;
}
.box >div {
  width: 40px;
  height: 40px;
  border: solid 2px #AAF;
  text-align: center;
  font-size: 18px;
  line-height: 40px;
}

.box-1 {
  width: 200px;
}
```

```
.box-1 .item-a {
  float: left;
}
.box-1 .item-b {
  float: right;
}

.box-2 {
  width: 200px;
}
.box-2 div {
  float: right;
}

.box-3 div,
.box-4 div {
  float: left;
}
.box-4 .item-a {
  height: 60px;
}
```

12.2 清除浮动

如图 12-4 所示,当有元素浮动时,会出现以下几种异常状况。

图 12-4　浮动导致的异常状况

（1）浮动元素后面的文字和行内元素（非浮动元素）会包围浮动元素。

（2）计算容器的高度时没有包含浮动元素的高度。

（3）由于前两个原因,容器后面的元素和内容位置也出现异常。

可以使用 clear 属性有针对性地处理这几个问题。

clear 属性用于清除浮动带来的影响,使元素恢复正常的定位,如图 12-5 所示。

图 12-5　解决浮动导致的异常状况

可用的属性值如下。

（1）left：清除向左的浮动。

（2）right：清除向右的浮动。

（3）both：清除向左和向右的浮动。

（4）none：不清除浮动（默认值）。

示例代码如下。

```html
<!--code/12/02/index.html -->
<div class="box">
  <div class="row row-1">
    <div class="item-a">A</div>
    <div class="item-b">B</div>
    <div class="item-c">C</div>
  </div>
</div>
<div class="box">
  <div class="row row-2">
    <div class="item-a">A</div>
  </div>
  <div class="row row-3">row-3</div>
</div>
```

```css
/* code/12/02/style.css */
.box {
  display: inline-block;
  margin: 10px;
  width: 200px;
}
.row {
  border: dotted 3px #CCC;
}
.row .item-a,
.row .item-c {
  width: 40px;
  height: 40px;
  border: solid 2px #AAF;
  text-align: center;
  font-size: 18px;
  line-height: 40px;
  float: left;
}
.row-3 {
  border-color: #666;
```

```
    }

/* fix-1: 清除 .item-a 带来的影响 */
.row-1 .item-b {
  clear: both;
}


/* fix-2: 保证容器高度正常 */
.row-1:after {
  content: "";
  display: block;
  height: 0;
  clear: both;
}
/* 等同于在容器末尾添加额外的元素 */

/* fix-3: 清除前一个浮动容器带来的影响 */
.row-3 {
  clear: both;
}
```

针对第二个问题，有一个通用的解决办法，即 .clearfix。
只需要给浮动元素所在的容器添加这个类就可以了。

```
.clearfix:after {
  content: "";
  display: block;
  height: 0;
  clear: both;
}
```

12.3 应用场景

1. 图文混排

图 12-6 展示了图文混排效果。

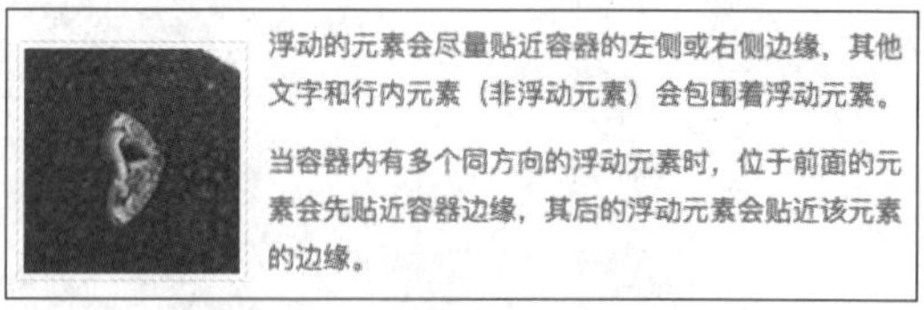

浮动的元素会尽量贴近容器的左侧或右侧边缘，其他
文字和行内元素（非浮动元素）会包围着浮动元素。

当容器内有多个同方向的浮动元素时，位于前面的元
素会先贴近容器边缘，其后的浮动元素会贴近该元素
的边缘。

图 12-6　图文混排

示例代码如下。

```html
<!--code/12/03/index.html -->
<div class="img">
  <img src="./image.jpg">
</div>
<p>浮动的元素会尽量贴近容器的左侧或右侧边缘,其他文字和行内元素(非浮动元素)会包围着浮动元素。</p>
<p>当容器内有多个同方向的浮动元素时,位于前面的元素会先贴近容器边缘,其后的浮动元素会贴近该元素的边缘。</p>
```

```css
/* code/12/03/style.css */
.img {
  width: 120px;
  height: 120px;
  padding: 3px;
  border: solid 1px #E5E5E5;
  margin: 10px;
  box-sizing: border-box;
  float: left;
}
.img img {
  width: 100%;
}
p {
  margin: 10px 0;
  font-size: 14px;
  line-height: 24px;
  color: #666;
}
```

```html
<!--code/12/04/index.html -->
<section class="frame">
  <aside>aside</aside>
  <article>article</article>
</section>
```

```css
/* code/12/04/style.css */
```

2. 多列布局

9.1 节展示了基于弹性盒模型的多列布局,使用浮动也可以实现这种效果,如图 12-7 所示。

aside	article
aside	article

图 12-7　多列布局

```css
.frame aside {
  width: 200px;
  background-color: #EEE;
  float: left;
}
.frame article {
  /* 空出左侧元素的宽度 */
  margin-left: 200px;
  background-color: #CCF;
}
```

3. 网格布局

图 12-8 展示了网格布局。

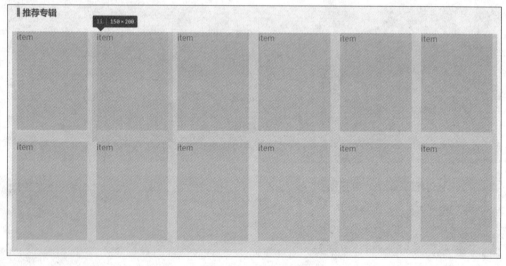

图 12-8　网格布局

8.1.2 节展示了这种用法。

第13章 变　　换

使用变换可以为元素添加偏移、旋转、缩放等视觉效果。

13.1　添加变换效果

transform 属性用于为元素添加变换效果，如图 13-1 所示，可用的属性值如下。

（1）变换方法：为元素添加指定的变换效果（参考 13.2 节）。

（2）none：不使用变换。

图 13-1　不同的变换效果

示例代码如下。

```
<!--code/13/01/index.html -->
<div class="item item-translate">
  <div>translate</div>
</div>
<div class="item item-scale">
  <div>scale</div>
</div>
<div class="item item-rotate">
  <div>rotate</div>
</div>
<div class="item item-skew">
  <div>skew</div>
</div>
<div class="item item-matrix">
  <div>matrix</div>
</div>
<div class="item item-perspective">
  <div>perspective</div>
</div>
```

```
/* code/13/01/style.less */
.item {
  display: inline-block;
  width: 100px;
  height: 100px;
  border: dashed 3px #AAF;
  vertical-align: top;
  position: relative;
}
.item div {
  width: 100px;
  height: 100px;
  text-align: center;
  line-height: 100px;
  background-color: #CCC;
}

.item-translate div {
  transform: translate(12px, 12px);
}
.item-scale div {
  transform: scale(0.8, 0.8);
}
.item-rotate div {
  transform: rotate(0.2turn);
}
.item-skew div {
  transform: skew(15deg);
}
.item-matrix div {
  transform: matrix(0, 1, 1, 0.4, 12, 12);
}
.item-perspective div {
  transform: perspective(100px)
             translateZ(-50px);
}
```

注意：变换存在一些兼容性问题[1]，请谨慎使用。

_____

[1]　参考网址为 https://caniuse.com/#search=transform。

13.2 支持的变换类型

1. 平移

(1) translate(tx，ty)

(2) translate3d(tx，ty，tz)

(3) translateX(tx)

(4) translateY(ty)

(5) translateZ(tz)

2. 缩放

(1) scale(sx，sy)

(2) scale3d(sx，sy，sz)

(3) scaleX(sx)

(4) scaleY(sy)

(5) scaleZ(sz)

3. 旋转

(1) rotate(a)

(2) rotate3d(x，y，z，a)

(3) rotateX(a)

(4) rotateY(a)

(5) rotateZ(a)

4. 倾斜

(1) skew(ax，ay)

(2) skewX(ax)

(3) skewY(ay)

5. 矩阵变换

(1) matrix(a，b，c，d，tx，ty)

(2) matrix3d()

6. 透视

perspective(d)

13.3　设置变换原点

transform-origin 属性用于设置变换的原点，其属性值类似于 background-position 属性，但同时包含 z 轴，如图 13-2 所示。

示例代码如下。

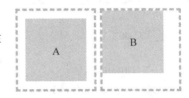

图 13-2　变换原点对变换的影响

```html
<!-- code/13/02/index.html -->
<div class="item item-a">
  <div>A</div>
</div>
<div class="item item-b">
  <div>B</div>
</div>
```

```less
/* code/13/02/style.less */
.item {
  display: inline-block;
  width: 100px;
  height: 100px;
  border: dashed 3px #AAF;
  vertical-align: top;
  position: relative;
}

.item div {
  width: 100px;
  height: 100px;
  text-align: center;
  line-height: 100px;
  background-color: #CCC;
  transform: scale(0.8, 0.8);
}

.item-b div {
  transform-origin: 0 0;
}
```

第 14 章 过 渡

CSS 属性值的变化通常会在一瞬间完成，可以使用过渡（transition）控制其延迟时间和持续时间，从而实现基本的动画效果。

14.1 添加过渡效果

过渡可以使属性值的变化更加柔和，是一种简化的动画效果，如图 14-1 所示。

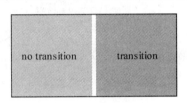

图 14-1 背景色过渡效果

示例代码如下。

```html
<!--code/14/01/index.html -->
<div class="item">no transition</div>
<div class="item transition">transition</div>
```

```css
/* code/14/01/style.css */
.item {
  display: inline-block;
  width: 100px;
  height: 100px;
  background-color: #CCC;
  text-align: center;
  line-height: 100px;
}
.item:hover {
  /* 背景色直接切换 */
  background-color: #AAF;
}

.item.transition {
  /* 背景色将在 0.4s 后开始变化,持续 1s */
  transition: background-color 1s 0.4s;
}
```

过渡效果只对可以量化的属性值生效，如数值、百分数、颜色等。

14.2 相关属性

1. transition-property 属性

transition-property 属性用于设置受到过渡控制的属性名称。

```
#target {
  /* 单个属性 */
  transition-property: color;
}


#target {
  /* 多个属性 */
  transition-property: width, height;
}
```

可用的属性值如下。

（1）all：全部可动画属性。

（2）一个或多个属性名称。

（3）none：没有过渡效果。

2. transition-duration 属性

transition-duration 属性用于设置过渡持续时间，可用的属性值为时间。

3. transition-timing-function 属性

transition-timing-function 属性用于设置受过渡影响的属性值的计算函数，可用的属性值如下。

（1）关键词。

（2）cubic-bezier(x1, y1, x2, y2)：贝塞尔曲线。

（3）steps(number, direction)：步进。

可用的关键词如下。

（1）linear：线性变化，等同于 cubic-bezier(0, 0, 1, 1)。

（2）ease：淡入淡出，等同于 cubic-bezier(0.25, 0.1, 0.25, 1)。

（3）ease-in：淡入，等同于 cubic-bezier(0.42, 0, 1, 1)。

（4）ease-out：淡出，等同于 cubic-bezier(0.42, 0, 0.58, 1)。

（5）ease-in-out：淡入淡出，等同于 cubic-bezier(0, 0, 0.58, 1)。

（6）step-start：等同于 steps(1, start)。

（7）step-end：等同于 steps(1, end)。

4．transition-delay 属性

transition-delay 属性用于设置过渡开始前的延迟时间，可用的属性值为时间。

5．transition 属性

transition 属性为以上几个属性的简写属性。

第15章 动　　画

动画(animation)效果类似于过渡效果,但其提供了更丰富、更灵活的控制选项。

15.1　动画实例

1. 弹跳动画

弹跳动画效果如图 15-1 所示。

图 15-1　弹跳动画

示例代码如下。

```html
<!--code/15/01/index.html -->
<div class="platform">
  <div class="ball"></div>
</div>
```

```css
/* code/15/01/style.css */
@keyframes bounce {
  from {
    bottom: 160px;
  }
  20% {
    bottom: 0;
  }
  40% {
    bottom: 80px;
  }
  60% {
    bottom: 0;
  }
```

```
    80% {
      bottom: 40px;
    }

  to {
      bottom: 0;
    }
}

.platform {
  width: 100px;
  height: 200px;
  position: relative;
  border-bottom: solid 5px #CCC;
}
.platform .ball {
  width: 40px;
  height: 40px;
  background-color: #AAF;
  border-radius: 50%;
  position: absolute;
  left: 30px;
  bottom: 0;
  animation: bounce 3s linear;
}
```

2. 加载动画

加载动画的效果如图 15-2 所示。

图 15-2　加载动画

示例代码如下。

```
<!--code/15/02/index.html -->
<div class="circle"></div>
```

```
/* code/15/02/style.css */
@keyframes rotate {
  from {
    transform: rotate(0deg);
  }
  to {
    transform: rotate(360deg);
  }
}

.circle {
  width: 100px;
  height: 100px;
  position: relative;
}
.circle:before,
.circle:after {
  content: "";
  width: 88px;
  height: 88px;
  border-radius: 50%;
  border: solid 5px #AAF;
  position: absolute;
  top: 1px;
  left: 1px;
}
.circle:after {
  border-color: transparent;
  border-top-color: #FFF;
  width: 86px;
  height: 86px;
  border-width: 7px;
  top: 0;
  left: 0;
  transform: rotate(0deg);
  animation: rotate 2s linear infinite;
}
```

15.2　定义动画

@keyframes 关键词是@规则中的一种,用于定义包含多个关键帧的动画。

```
@keyframes anim-name {
  from {
    [declarations]
  }
  50% {
    [declarations]
  }
  to {
    [declarations]
  }
}
```

@keyframes 关键词的后面需要声明唯一的动画名称,以便后续使用 animation-name 属性调用该动画。

每个关键帧必须使用百分数标明其位置,代表该关键帧会在动画过程中的哪个位置生效。关键词 from 代表 0%,to 代表 100%。每个 @keyframes 声明中必须包含 0% 和 100% 两个关键帧。

每个关键帧内可以包含一个或多个属性声明。

15.3 使用和控制动画

1. animation-name 属性

animation-name 属性用于指定元素应用的动画名称,可以包含一个或多个值。

```
#target {
  /* 应用 bounce 动画 */
  animation-name: bounce;
}

#target {
  /* 应用 slide 和 jump 动画 */
  animation-name: slide, jump;
}
```

2. animation-duration 属性

animation-duration 属性类似于 transition-duration,用于指定一个动画周期的时长,它可以包含多个值,分别用于指定不同动画的时长。

```
#target {
  /* bounce 时长为 1s */
```

```
    animation-duration: 1s;
}


#target {
    /* slide 时长为 1s,jump 时长为 2s */
    animation-duration: 1s, 2s;
}
```

3. animation-timing-function 属性

animation-timing-function 属性类似于 transition-timing-function 属性,用于设置受动画影响的属性值的计算函数。

4. animation-delay 属性

animation-delay 属性类似于 transition-delay 属性,用于设置动画开始前的延迟时间。

5. animation-iteration-count 属性

animation-iteration-count 属性用于设置动画的循环次数,可用的属性值如下。
(1) 数值:指定的循环次数(0 代表不播放,0.5 代表播放一半。默认值为 1)。
(2) infinite:无限循环。

6. animation-direction 属性

animation-direction 属性用于设置动画的播放方向,可用的属性值如下。
(1) normal:正常方向播放。
(2) reverse:反向播放。
(3) alternate:正反向交替播放。
(4) alternate-reverse:正反向交替播放,但第一次是反向播放。

7. animation-play-state 属性

animation-play-state 属性用于控制动画的播放或暂停,可用的属性值如下。
(1) running:播放。
(2) paused:暂停。

8. animation-fill-mode 属性

animation-fill-mode 属性用于控制动画开始前和动画结束后元素的样式,可用的属性值如下。
(1) forwards:使用动画最后一帧的样式。

（2）backwards：使用动画第一帧的样式。

（3）both：同时应用 forwards 和 backwards。

（4）none：不将关键帧的样式应用到元素上。

9．animation 属性

animation 属性为以上几个属性的简写属性。

第 16 章 其 他 属 性

本章将介绍 CSS 中的其他几种非常实用的属性。

16.1 visibility 属性

visibility 属性用于控制元素的可见性,效果如图 16-1 所示。

图 16-1 元素的可见性

可用的属性值如下。

(1) visible：元素正常显示(默认值)。

(2) hidden：隐藏元素(元素依然占据空间,类似于透明度设置为 0)。

(3) collapse：隐藏表格的单元格、行或列(隐藏的行或列不占据任何空间,仅对表格有效)。

示例代码如下。

```html
<!--code/16/01/index.html -->
<div class="box box-visible">
  <div>visible</div>
</div>
<div class="box box-hidden">
  <div>hidden</div>
</div>
```

```css
/* code/16/01/style.css */
.box {
  display: inline-block;
  width: 100px;
  border: dotted 3px #AAF;
  font-size: 16px;
  line-height: 50px;
  text-align: center;
```

```
}

.box-hidden div {
  visibility: hidden;
}
```

"visibility：hidden；"与"display：none；"的区别是前者作用的元素依然会占据空间。

16.2 resize 属性

resize 属性用于设置是否可以调整元素的大小，可用的属性值如下。

（1）horizontal：允许在水平方向上调整元素的大小。

（2）vertical：允许在垂直方向上调整元素的大小。

（3）both：允许在水平方向和垂直方向上调整元素的大小。

（4）none：不允许调整元素的大小（默认值）。

textarea 元素的 resize 属性的默认值为 both。

图 16-2 展示了 resize 属性的不同属性值及效果。

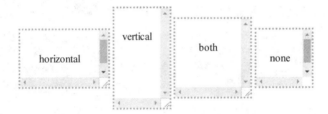

图 16-2　resize 属性的不同属性值及效果

示例代码如下。

```
<!--code/16/02/index.html -->
<div class="box box-horizontal">horizontal</div>
<div class="box box-vertical">vertical</div>
<div class="box box-both">both</div>
<div class="box box-none">none</div>
```

```
/* code/16/02/style.css */
.box {
  display: inline-block;
  width: 100px;
  height: 100px;
  border: dotted 3px #AAF;
  font-size: 16px;
```

```
    line-height: 100px;
    text-align: center;
    overflow: scroll;
    vertical-align: middle;
}


.box-horizontal {
    resize: horizontal;
}
.box-vertical {
    resize: vertical;
}
.box-both {
    resize: both;
}
```

16.3　cursor 属性

cursor 属性用于设置鼠标光标在元素上的样式。

```
#target {
    cursor: pointer;
}
```

可用的属性值如下。

（1）关键词（见表 16-1）。

（2）url("cursor.png")：图片资源。

表 16-1　cursor 属性的部分可用的关键词

关　键　词	指　针　样　式
auto	根据内容自动设置
default	箭头
pointer	手型
text	文本选择
move	移动
wait	等待
not-allowed	禁止操作
none	隐藏指针

图 16-3 展示了 Windows 操作系统中的鼠标指针设置界面。

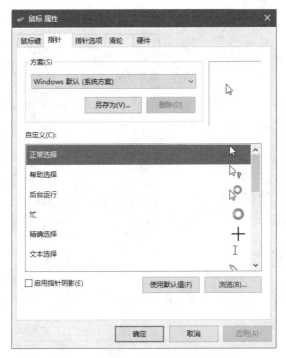

图 16-3　Windows 操作系统中的鼠标指针设置界面

16.4　content 属性

content 属性用于在∷before 和∷after 两个伪元素中插入内容。
图 16-4 展示了使用 content 属性插入不同的内容。

图 16-4　使用 content 属性插入不同的内容

常用的属性值如下。
（1）字符串：在伪元素中插入文本。
（2）url()：插入外部资源，如图像等。
（3）attr(attribute)：插入元素的 HTML 属性值。
示例代码如下。

```html
<!--code/16/03/index.html -->
<p class="item-text">item-text | </p>
<p class="item-img">item-img | </p>
<p class="item-attr" data-value="hello">item-attr | </p>
```

```
/* code/16/03/style.css */
.item-text:after {
  content: "HELLO";
}

.item-img:after {
  content: url("./chrome.png");
}

.item-attr:after {
  content: attr(data-value);
}
```

16.5   filter 属性

filter 属性用于为元素添加滤镜效果。

图 16-5 展示了不同的滤镜效果。

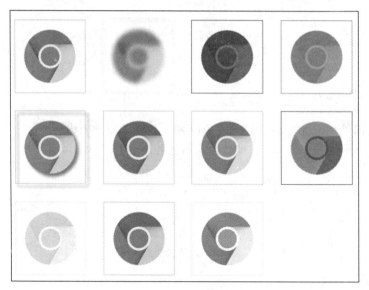

图 16-5   不同的滤镜效果

可用的属性值如下。

(1) url(filter.svg)：引用 svg 滤镜。

(2) blur()：高斯模糊。

(3) brightness()：调整亮度。

(4) contrast()：调整对比度。

(5) drop-shadow()：添加投影。

(6) grayscale()：设置灰度。

(7) hue-rotate()：调整色相。

（8）invert()：设置反色。

（9）opacity()：调整透明度。

（10）saturate()：调整饱和度。

（11）sepia()：设置褐色。

也可以将多个滤镜效果叠加使用。

示例代码如下。

```html
<!--code/16/04/index.html -->
<div class="box"></div>
<div class="box box-blur"></div>
<div class="box box-brightness"></div>
<div class="box box-contrast"></div>
<div class="box box-drop-shadow"></div>
<div class="box box-grayscale"></div>
<div class="box box-hue-rotate"></div>
<div class="box box-invert"></div>
<div class="box box-opacity"></div>
<div class="box box-saturate"></div>
<div class="box box-sepia"></div>
```

```css
/* code/16/04/style.css */
.box {
  display: inline-block;
  width: 100px;
  height: 100px;
  border: solid 1px #CCC;
  margin: 10px;
  background-image: url("./chrome.png");
  background-size: cover;
}

.box-blur {
  filter: blur(3px);
}
.box-brightness {
  filter: brightness(0.5);
}
.box-contrast {
  filter: contrast(0.3);
}

.box-drop-shadow {
  filter: drop-shadow(4px 4px 2px rgba(0, 0, 0, 0.5));
```

```
}
.box-grayscale {
    filter: grayscale(1);
}

.box-hue-rotate {
    filter: hue-rotate(90deg);
}

.box-invert {
    filter: invert(0.8);
}
.box-opacity {
    filter: opacity(0.3);
}
.box-saturate {
    filter: saturate(0.5);
}
.box-sepia {
    filter: sepia(0.8);
}
```

注意：IE 浏览器不兼容滤镜效果，需要使用其特有的语法。

16.6 vertical-align 属性

vertical-align 属性用于设置行内元素在垂直方向上的对齐方式。

图 16-6 展示了 vertical-align 属性的不同属性值及效果。

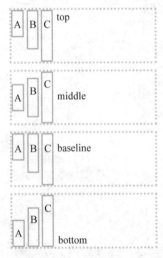

图 16-6 vertical-align 属性的不同属性值及效果

可用的属性值如下。

（1）baseline：子元素的基线与父元素的基线对齐。

（2）sub：子元素的基线与父元素的下标基线对齐。

（3）super：子元素的基线与父元素的上标基线对齐。

（4）text-top：子元素的基线与父元素的字体顶端对齐。

（5）text-bottom：子元素的基线与父元素的字体底端对齐。

（6）middle：子元素的基线与父元素的基线加 x 字高的一半对齐。

（7）top：子元素与父元素的顶端对齐。

（8）bottom：子元素与父元素的底端对齐。

（9）尺寸值：子元素的基线与父元素的基线的位置偏移量（向下为正）。

（10）百分数：类似于尺寸值，但通过 line-height 进行计算。

示例代码如下。

```html
<!--code/16/05/index.html -->
<div class="box box-1">
  <div class="item-a">A</div>
  <div class="item-b">B</div>
  <div class="item-c">C</div>
  <span>top</span>
</div>
<div class="box box-2">
  <div class="item-a">A</div>
  <div class="item-b">B</div>
  <div class="item-c">C</div>
  <span>middle</span>
</div>
<div class="box box-3">
  <div class="item-a">A</div>
  <div class="item-b">B</div>
  <div class="item-c">C</div>
  <span>baseline</span>
</div>
<div class="box box-4">
  <div class="item-a">A</div>
  <div class="item-b">B</div>
  <div class="item-c">C</div>
  <span>bottom</span>
</div>
```

```css
/* code/16/05/style.css */
.box {
  border: dotted 3px #CCC;
  margin: 10px 0;
```

```
  }
.box div {
  display: inline-block;
  border: solid 2px #AAF;
  font-size: 24px;
  line-height: 40px;
}
.box .item-b {
  height: 60px;
}
.box .item-c {
  height: 80px;
}

.box-1 >div {
  vertical-align: top;
}
.box-2 >div {
  vertical-align: middle;
}
.box-3 >div {
  vertical-align: baseline;
}
.box-4 >div {
  vertical-align: bottom;
}
```

第 17 章　内置元素的样式

在详细介绍了不同的 CSS 属性之后，本章将展示几种 HTML 元素的常用样式。

17.1　按钮

按钮是网页中最常用的交互元素之一。如图 17-1 所示，按钮通常包含以下几种状态。

图 17-1　按钮

（1）默认状态。

（2）获取焦点状态。

（3）鼠标悬停状态。

（4）鼠标按下状态。

（5）禁用状态。

示例代码如下。

```html
<!--code/17/01/index.html -->
<button>button</button>
<input type="button" value="input">
<input type="button" disabled value="disabled">
```

```css
/* code/17/01/style.css */
/* 默认状态 */
button,
input[type="button"],
input[type="submit"],
input[type="reset"] {
  border: none;
  font-size: 16px;
  line-height: 20px;
  padding: 8px 12px;
  min-width: 60px;
  border-radius: 4px;
  cursor: pointer;
  color: #FFF;
```

```
  background-color: #1E88E5;
  transition: all, 0.2s;
}
/* 获取焦点状态 */
button:focus,
input[type="button"]:focus,
input[type="submit"]:focus,
input[type="reset"]:focus {
  outline: none;
  /* 使用阴影替代默认轮廓 */
  box-shadow: 0 0 0 2px rgba(30, 136, 229, 0.4);
}
/* 鼠标悬停状态 */
button:hover,
input[type="button"]:hover,
input[type="submit"]:hover,
input[type="reset"]:hover {
  /* 加深背景色 */
  background-color: #1976D2;
}
/* 鼠标按下状态 */
button:active,
input[type="button"]:active,
input[type="submit"]:active,
input[type="reset"]:active {
  /* 加深背景色 */
  background-color: #1565C0;
}
/* 禁用状态 */
button:disabled,
input[type="button"]:disabled,
input[type="submit"]:disabled,
input[type="reset"]:disabled {
  background-color: #E5E5E5;
  color: #757575;
  cursor: not-allowed;
}
```

注意：禁用相关的样式通常需要写在代码的最后面，用于覆盖其他样式。

17.2 列表

HTML 中内置了三种列表元素，如图 17-2 所示。

（1）ul：无序列表（unordered list）。

（2）ol：有序列表（ordered list）。

（3）dl：描述列表（description list）。

无序列表和有序列表基本相同，唯一的差别是每个列表项前是否有序号。描述列表用于组合关键词和描述信息。

图 17-3 展示了使用无序列表制作的菜单。

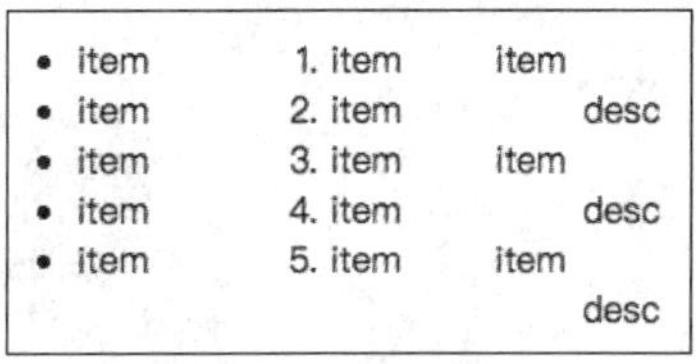

图 17-2　三种列表元素 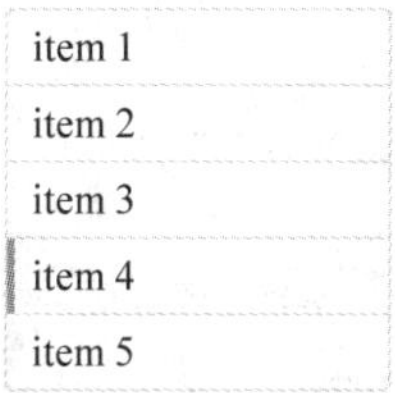　　　　图 17-3　使用无序列表制作的菜单

示例代码如下。

```
<!--code/17/02/index.html -->
<ul class="list-group">
  <li>
    <a href="#">item 2</a>
  </li>
  <li>
    <a href="#">item 2</a>
  </li>
  <li>
    <a href="#">item 3</a>
  </li>
  <li class="active">
    <a href="#">item 4</a>
  </li>
  <li>
    <a href="#">item 5</a>
  </li>
</ul>
```

```
/* code/17/02/style.css */
.list-group {
  /* 覆盖默认样式 */
  list-style-type: none;
  margin: 0;
  padding: 0;
  width: 160px;
```

```
    /* 设置边框和圆角 */
    border: solid 1px #DDD;
    border-radius: 4px;
    font-size: 14px;
    line-height: 20px;
    /* 禁止选择文字 */
    user-select: none;
}

/* 为每个 li 添加底部边框 */
.list-group li {
    border-bottom: solid 1px #DDD;
}
```

```
/* 去掉最后一个 li 的底部边框 */
.list-group li:last-child {
    border-bottom: none;
}


.list-group li a {
    display: block;
    padding: 5px 10px;
    color: #333;
    /* 去掉链接文字的下画线 */
text-decoration: none;
/* 设置背景色的过渡效果 */
transition: background-color 0.2s;
}
.list-group li a:hover {
    background-color: #EEE;
}
/* 设置"当前"状态的链接样式 */
.list-group li.active a {
    border-left: solid 3px #FF7043;
    /* 减少左侧内边距,保证文字对齐 */
    padding-left: 7px;
    font-weight: bold;
    cursor: default;
}
/* 禁止"当前"状态的链接背景色改变 */
.list-group li.active a:hover {
    background-color: #FFF;
}
```

无序列表和有序列表的相关属性如下。

（1）list-style-type 属性：用于设置列表项的标记样式，其部分可用的属性值及效果见表 17-1。

表 17-1　list-style-type 属性的部分属性值及效果

属　性　值	显　示　效　果
none	无
disc	实心圆点
circle	空心圆点
square	实心方块
decimal	阿拉伯数字
decimal-leading-zero	前面添加 0 的阿拉伯数字
lower-alpha	小写英文字母
upper-alpha	大写英文字母
lower-roman	小写罗马数字
upper-roman	大写罗马数字

（2）list-style-position 属性用于设置标记是否显示在列表项内部，可用的属性值如下。

- outside：显示在列表项外部（默认值）。
- inside：显示在列表项内部。

（3）list-style-image 属性允许使用自定义图像作为列表项标记。

（4）list-style 属性：该属性是以上三个属性的简写属性。

17.3　表格

如图 17-4 所示，表格由分布在不同的行和列中的单元格组成，单元格用来呈现少量文本、部分表单元素和尺寸较小的图像。

歌曲列表

#	歌曲	歌手	专辑	时长
1	歌曲名称	歌手名称	专辑名称	4:36
2	歌曲名称	歌手名称	专辑名称	4:36
3	歌曲名称	歌手名称	专辑名称	4:36
4	歌曲名称	歌手名称	专辑名称	4:36
5	歌曲名称	歌手名称	专辑名称	4:36

图 7-4　表格示例

示例代码如下。

```html
<!--code/17/03/index.html -->
<table class="data-table">
  <caption>歌曲列表</caption>
  <thead>
    <tr>
      <th>#</th>
      <th>歌曲</th>
      <th>歌手</th>
      <th>专辑</th>
      <th>时长</th>
    </tr>
  </thead>
  <tbody>
    <tr>
      <td>1</td>
      <td>
        <a href="#">歌曲名称</a>
      </td>
      <td>
        <a href="#">歌手名称</a>
      </td>
      <td>
        <a href="#">专辑名称</a>
      </td>
      <td>4:36</td>
    </tr>
```

```html
  </tbody>
</table>
```

```css
/* code/17/03/style.css */
.data-table {
  /* 撑满容器宽度 */
  width: 100%;
  border: solid 1px #DDD;
  font-size: 14px;
  line-height: 20px;
  /* 合并所有边框 */
  border-collapse: collapse;
}
.data-table caption {
  font-size: 16px;
```

```
    line-height: 30px;
    margin: 10px 0;
}

.data-table th,
.data-table td {
    text-align: left;
    padding: 5px 8px;
    border-bottom: solid 1px #DDD;
    font-weight: normal;
}
.data-table th:first-child,
.data-table td:first-child {
    width: 30px;
}
.data-table th:last-child,
.data-table td:last-child {
    width: 60px;
}

.data-table a {
    text-decoration: none;
    color: #1E88E5;
}
```

```
.data-table a:hover {
    text-decoration: underline;
}
/* 鼠标经过时为每行添加背景色 */
.data-table tbody tr:hover {
    background-color: #F5F5F5;
    transition: background-color 0.2s;
}
```

表格的相关属性如下。

(1) border-collapse 属性：用于设置是否合并表格边框，可用的属性值如下。

• separate：不合并（默认值）。

• collapse：合并。

(2) border-spacing 属性：用于设置单元格的间距（仅在边框不合并时生效），可用的属性值为尺寸值。

(3) caption-side 属性：用于设置表格标题（caption）的位置，可用的属性值如下。

• top：标题位于表格顶部（默认值）。

- bottom：标题位于表格底部。

（4）empty-cells 属性：用于设置是否显示空单元格，可用的属性值如下。

- show：显示空单元格（默认值）。

- hide：隐藏空单元格。

17.4　表单

表单提供了一系列的控件，以方便用户填写和提交数据，如图 17-5 所示。表单的布局应当简洁统一。当表单项目较多时，可以采用两列布局。

图 17-5　表单示例

示例代码如下。

```
<!--code/17/04/index.html -->
<form>
  <div class="form-item">
    <label>
      <span class="label">姓名</span>
      <input type="text">
    </label>
  </div>
  <div class="form-item">
    <span class="label">性别</span>
    <div class="checkbox-group">
      <label>
        <input type="radio" name="gender" id="male" checked>
        <span>男</span>
      </label>
      <label>
        <input type="radio" name="gender" id="female">
        <span>女</span>
      </label>
    </div>
  </div>
  <div class="form-item">
    <label>
```

```
      <span class="label">年龄</span>
      <input type="number" name="age" min="0">
    </label>
  </div>
</form>
```

```css
/* code/17/04/style.css */
.form-item {
  margin: 16px 0;
}

.form-item label {
  display: block;
}
.form-item label:after {
  content: "";
  display: block;
  width: 100%;
  height: 0;
  clear: both;
}
.form-item > .label,
.form-item label > .label {
  display: block;
  width: 80px;
  height: 30px;
  padding-right: 8px;
  text-align: right;
  font-size: 14px;
  line-height: 30px;
  color: #757575;
  float: left;
}

.form-item input[type="text"],
.form-item input[type="number"] {
  box-sizing: border-box;
  width: 160px;
  border: solid 1px #E5E5E5;
  padding: 5px 8px;
  font-size: 14px;
  line-height: 20px;
}

.form-item input[type="text"]:focus,
.form-item input[type="number"]:focus {
```

```
  outline: none;
  border: solid 2px #42A5F5;
  padding: 4px 7px;
}
```

```
.form-item .checkbox-group {
  display: flex;
  width: 100px;
}
.form-item .checkbox-group label {
  display: block;
  flex: 1;
}
.form-item .checkbox-group label span {
  display: inline-block;
  font-size: 14px;
  line-height: 30px;
  vertical-align: middle;
}
.form-item .checkbox-group input[type="radio"] {
  vertical-align: middle;
}
```